Experimentelle Untersuchungen an schnellaufenden Kleinmotoren

unter besonderer Berücksichtigung
des Ausspülverlustes bei Zweitakt-
Gemischmaschinen

—

Von

Dr.-Ing. Albert Geißler

Mit 19 Abbildungen und 8 Zahlentafeln

1930

Verlag: R. Oldenbourg / München und Berlin

Druck: Reinh. Schmidt, Burgstädt i. Sa.

Inhalts-Verzeichnis

Einleitung

Es wird ein Weg zur experimentellen Ermittlung des Ausspülverlustes bei schnellaufenden Zweitaktgemischmaschinen mit Kurbelkastenpumpe angegeben. Hierzu werden die mathematischen Beziehungen entwickelt. Auf Grund durchgeführter Versuche wird der Spülwirkungsgrad sowie der Ausnutzungsgrad der Ladung bestimmt.

Im Anhang werden Vergleichsversuche zwischen zwei gleichgroßen Motoren, einem Vier- und einem Zweitaktmotor, sowie Versuche über den Einfluß des Mischungsverhältnisses am Zweitaktmotor behandelt, die manches bemerkenswerte Ergebnis geliefert haben.

Die Entwicklung auf dem Gebiete des Fahrzeugmotorenbaues in der Nachkriegszeit hat besonders im Kleinmotorenbau eine große Anzahl der verschiedensten Modelle entstehen lassen, ohne daß gleichzeitig experimentelle Untersuchungen an solchen Motoren durchgeführt worden sind, besonders an solchen mit hohen Umdrehungszahlen. Auf Anregung von Herrn *Prof. Dr.-Ing. Nägel* ist deshalb im Maschinenlaboratorium der Technischen Hochschule Dresden vom Verfasser die vorliegende Arbeit ausgeführt worden, die in der Hauptsache den Arbeitsvorgang an einem schnellaufenden Zweitaktmotor, dem bekannten 2 PS-DKW-Motor der Firma J. S. Rasmussen in Zschopau (Sa.) zum Gegenstande der Untersuchung hatte. Der Hauptwert der Untersuchung wurde auf die Ermittlung der Verluste gelegt, die durch den Ausspülprozeß entstehen, da in dieser Richtung bislang noch keinerlei Versuchsergebnisse vorlagen.

Eine mathematische Verfolgung des Ausspül- und Ladevorganges bei Zweitaktmaschinen, die als Unterlage für die Berechnung solcher Maschinen dienen kann, hat im Jahre 1913 *Kreglewski* in seiner Dissertation „Die Spül- und Auspuffvorgänge bei Zweitakt-Verbrennungskraftmaschinen mit besonderer Berücksichtigung der schnellaufenden Ölmotoren" gegeben, desgleichen *Ringwald* in seiner Veröffentlichung „Der Auspuff- und Spülvorgang bei Zweitaktmaschinen" (V. D. I. Bd. 67. Nr. 46, S. 1057 ff.). Ferner hat *Prof. Dr. P. Meyer,* Delft, im Jahre 1912 in seiner Veröffentlichung „Grundlagen für Untersuchung von Zweitaktmaschinen" (Zeitschrift des V. D. J., 1912, Bd. 56, Nr. 40, S. 1615 ff.) einen Weg für wissenschaftliche Behandlung der Vorgänge an Zweitaktmaschinen und ihre experimentelle Ermittlung gegeben, der dem Verfasser zu einem Teil als Richtlinie gedient hat. Die Entwicklungen in der Meyer'schen Arbeit gelten für Einspritzmaschinen; sie werden bedeutend schwieriger, wenn es sich um Gemischmaschinen handelt. Für Einspritzmaschinen ist der Rechnungsgang insofern einfach, als da die in den Zylinder eintretende verwertbare Brennstoffmenge durch Messung vor der Maschine unmittelbar bekannt ist, während sie bei Maschinen mit Gemischspülung erst als Differenz der vor der Maschine gemessenen Gesamtmenge und der durch den Spülprozeß verlorengehenden Menge, also des Spülverlustes, ermittelt werden muß.

Zur Durchführung der Aufgabe war die gesteuerte Entnahme von Gasproben aus dem Zylinder nötig; hierin lag die Hauptschwierigkeit bei den Versuchen, denn die hierzu nötige Apparatur mußte erst geschaffen werden. (Beschreibung siehe Seite 13.) Weitere Schwierigkeiten waren zum Teil bei den experimentellen Untersuchungen infolge der hohen Umlaufzahlen zu überwinden, besonders erschwerend wirkte auf den Ein- und Anbau von Meßinstrumenten auch die Kleinheit der Maschine.

Außer der Ermittlung des Spülverlustes wurden noch Vergleichsversuche zwischen dem genannten und einem fast gleichgroßen Viertakt-Motor, sowie Versuche über den Einfluß des Mischungsverhältnisses am Zweitaktmotor durchgeführt. Diese sind im Anhang behandelt.

Die Versuchsanordnung

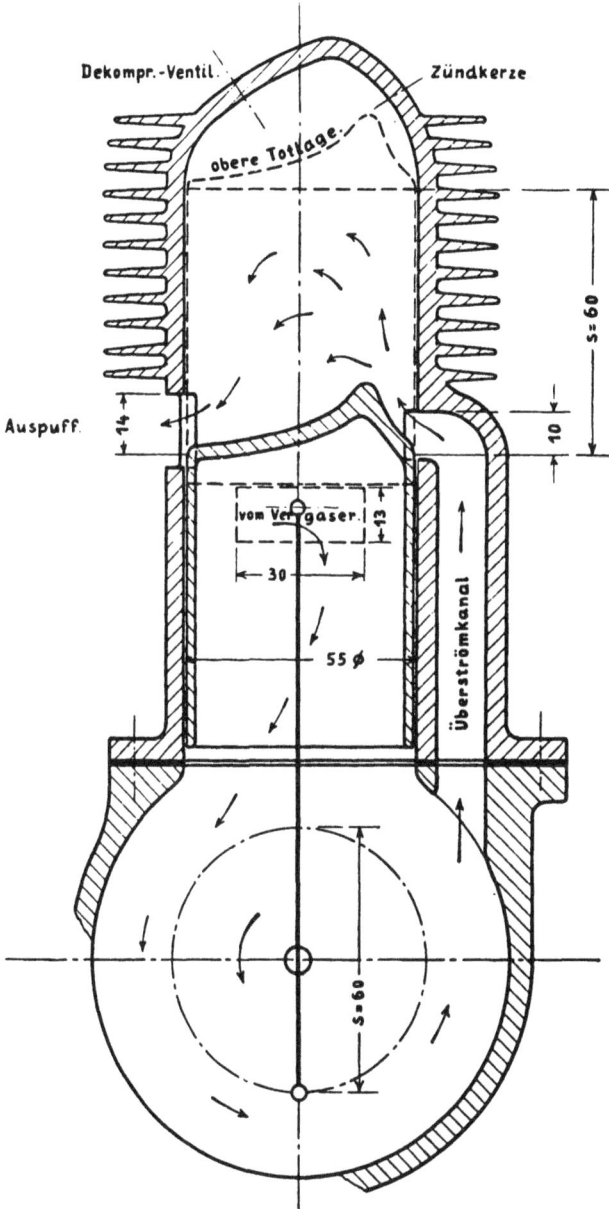

Abbildung 1

Abbildung 2a

Abbildung 2b

9

Für den Versuchsmotor, einen luftgekühlten DKW-Zweitakt-motor der Zschopauer Motorenwerke J. S. Rasmussen A.-G. (älteres Modell), gelten folgende Daten (Abbildung 1):

Bohrung . . . . $d = 55$ mm
Hub . . . . $s = 60$ mm
Hubraum . . . . $V_H = 143$ cm^3
Verdichtungsraum . . . . $V_k = 35$ cm^3
Verdichtungsgrad . . . . $\varepsilon = 4,13$
Verdichtungsgrad der Kurbelkastenpumpe[1] . . . . $\varepsilon_{kp} = 1,18$
Maximaldrehzahl . . . . $n_{max} = 3000$ min^{-1}

Der Berechnung des Verdichtungsgrades ist der wirksame Hub, also Kolbenhub vermindert um Auslaßschlitzhöhe, zu Grunde gelegt.[2]

Der Prüfstand für Kleinmotoren im Maschinenlaboratorium der Technischen Hochschule zu Dresden, der vom Verfasser eingerichtet worden ist, ist in den Abbildungen 2 und 2a dargestellt. Die Meß-geräte, die für die einzelnen Messungen verwandt wurden, sollen im folgenden kurz beschrieben werden:

Die Messung der angesaugten Luftmenge geschah mit Hilfe einer Luftuhr, die in mehreren Vorversuchen für verschiedene Durch-strömgeschwindigkeiten, also Luftmengen, geeicht worden war. – Zwischen Motor und Luftuhr war ein Ausgleichsgefäß geschaltet.

Der Brennstoffverbrauch wurde gemessen mit Hilfe einer Brennstoffflasche durch Bestimmung der Verbrauchszeit einer be-stimmten aufgefüllten Brennstoffmenge.

Die effektive Leistung wurde gefunden durch die Ermittlung des Drehmomentes einer Pendeldynamo und der minutlichen Drehzahl der Maschine. Der Motor ist durch seine Getriebewelle direkt ge-kuppelt mit der Pendeldynamo, wobei die elektrische Schaltung der Versuchsanordnung so eingerichtet ist, daß zunächst die Pendel-maschine als Motor läuft, bis der Verbrennungsmotor angesprungen ist, um dann nach Umschaltung als Dynamo zu laufen. Abbildung 3 zeigt das Schaltungsschema dieser Pendelmaschine, deren Erregung über einen sehr großen Vorschaltwiderstand und einen einpoligen Schalter stets am Netz liegt und deren Anker über einen Umschalter entweder für Betrieb als Motor über einen Vorschaltwiderstand (zum Touren regulieren) und Anlasser ebenfalls am Netz oder aber für Betrieb als Generator an Glühlampenbatterien und regelbarem Belastungswiderstand liegt. Das Drehmoment für die Pendeldynamo,

---

[1] siehe Anhang, Seite 55. [2] siehe Seite 54

deren Hebelarm nach beiden Seiten vorgesehen ist, wurde gemessen durch Bestimmung der an dem Hebelarm von der Länge $l = 0,45$ m wirkenden Kraft P, die mittels einer Dezimalwage in kg bestimmt wird. Das Reibungsmoment der Pendelmaschine M_{dR} wurde folgendermaßen ermittelt: Der Elektromotor wurde im Leerlauf über den ganzen vorkommenden Drehzahlbereich in jeder Drehrichtung betrieben und dafür das Drehmoment ermittelt durch Messung der Kraft P_R am Hebelarm; es ergab sich hierbei für alle Drehzahlen als Mittelwert ein $M_{dR} = 0,018$ mkg. Um diesen Wert ist das bei allen Versuchen ermittelte Drehmoment M_d zu vergrößern, um damit das wirkliche effektive Drehmoment zu erhalten, also gilt $M_{de} = M_d + M_{dR}$.

Die Drehzahl wurde mit Hilfe eines Tourenzählers der Firma Schäffer & Budenberg, Magdeburg, bestimmt.

Schaltungsschema.

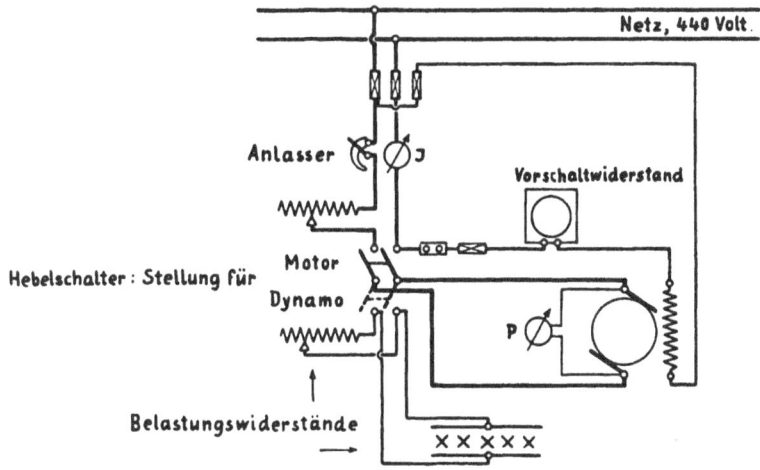

Abbildung 3

Zur Ermittlung der Verhältnisse in der Ansaugeleitung wurden die Unterdrücke vor und hinter dem Vergaser mit Hilfe eines angeschlossenen Wassermanometers gemessen, ferner waren zur Erfassung des Temperaturverlaufes Thermoelemente in der Ansaugleitung, im Überströmkanal und im Auspuffstutzen eingebaut. Für die niederen Temperaturen wurden Kupfer-Konstantan, für die Auspufftemperatur Platin-Platin-Rhodium-Thermoelemente benutzt, deren Gegenlötstellen in schmelzendem Eis lagen; der Spannungsabfall wurde an sehr empfindlichen Galvanometern abgelesen. Die Thermo-elemente waren in Vorversuchen geeicht, ebenso war ihr Widerstand mit Hilfe der Wheatstoneschen Brücke ermittelt worden.

Zur Überwachung und Verfolgung der Verbrennung war die Untersuchung der Abgase auf Kohlensäure, Sauerstoff und schwere Kohlenwasserstoffe vorgesehen; die CO_2-Bestimmung geschah durch Absorption in Kalilauge, die O_2-Bestimmung in Phosphor, nach-dem vorher die schweren Kohlenwasserstoffe mit Hilfe von rauchen-der Schwefelsäure und die Schwefeldämpfe durch Auswaschen in Kalilauge beseitigt waren. Als Sperrflüssigkeit für die Entnahmebürette diente hier gasgesättigtes Wasser.

Die Auspuffgase wurden durch eine etwa 10 m lange Rohr-leitung ins Freie geführt.

Für die im Hauptteile dieser Arbeit vorkommenden Entnahmen gesteuerter Gasproben aus dem Zylinder ist folgendes zu beachten:

Die mit Hilfe der besonders beschriebenen (siehe Seite 13) Gas-entnahmevorrichtung entnommenen Gasproben werden in Glas-beuteln von etwa 250 cm³, an die durch einen Verbindungsschlauch ein Niveaurohr angeschlossen ist, aufgefangen; als Sperrflüssigkeit dient hier, um bei längerem Liegen der Proben jegliche Absorption durch Benetzung der Glaswände zu vermeiden, reines Glyzerin. Ferner ist zu beachten, daß die aufgefangene Gasprobe unter einem gewissen Überdruck steht, um bei eventuellen Undichtheiten der Glashähne ein Eindringen von Luft und damit eine Veränderung der Zusammen-setzung zu verhindern. Die Durchführung der Analyse dieser Gas-proben auf alle Bestandteile geschah nach dem von *Hempel* aus-gebildeten Verfahren in der Weise, wie sie von *Prof. Dr.-Ing. Nägel* ausführlich beschrieben ist in seiner Habilitationsschrift „Versuche an der Gasmaschine über den Einfluß des Mischungsverhältnisses" (Juli 1906).

Für die Versuche bei veränderlichem Mischungsverhältnis wurden in Vorversuchen zunächst die den gewünschten Mischungsverhält-nissen entsprechenden Drosselklappen- und Düseneinstellungen er-mittelt und durch Marken festgelegt.

Die Versuchsdauer betrug durchschnittlich 15—20 Minuten, die Ablesungen wurden alle 2 Minuten vorgenommen. Alle Versuche wurden durchgeführt bei gleichem Anfangszustand, d. h. hier bei gleicher Lufttemperatur vor dem Vergaser, die sich für den Beharrungs-zustand für alle Versuche auf etwa 40° C einstellte. Dieser Be-

12

harrungszustand wurde, wenn die Maschine kalt war, nach etwa ½-stündigem Betrieb bei Vollast erreicht; die Einstellung auf den neuen Beharrungszustand zwischen den einzelnen Versuchen erforderte etwa 10—15 Minuten Zeit.

Die Gasprobenentnahme- und Indiziervorrichtung für schnellaufende Motoren

Bei der Entwicklung dieser Vorrichtung schwebten dem Verfasser verschiedene Lösungen vor, so z. B.:

1. Die Verwendung des bekannten Juhasz-Indikators der Firma Lehmann & Michels in Hamburg.

   Der Grund, diesen Indikator zur Entnahme gesteuerter Gasproben aus einem Motorzylinder als nicht geeignet anzusehen, liegt darin, daß der schädliche Raum dieses Indikators verhältnismäßig groß ist und keine Möglichkeit bietet, vor der Entnahme einer Probe ausgespült zu werden.

2. Die Lösung, durch ein elektrisch über ein Relais gesteuertes Nadelventil Proben für bestimmte Kolbenstellungen zu entnehmen, und zwar so, daß der über ein Relais führende Stromkreis durch einen verschiebbaren Kontakt auf der Maschinenwelle (bezw. für Viertaktmotoren auf der Steuerwelle) je Umdrehung für kurze Zeit zu einer bestimmten Kolbenstellung geschlossen wird, wodurch das Nadelventil geöffnet wird. Diese Lösung wird illusorisch durch die hohe Drehzahl (bis 3000 min⁻¹), sodaß wegen der Trägheit selbst eines Ventils von geringstmöglicher Masse ein exaktes Öffnen und Schließen nicht gewährleistet ist.

3. Die dritte und endgültige Lösung, wegen des Einflusses der Massenwirkungen bei hin- und hergehender Bewegung und den damit zusammenhängenden Ungenauigkeiten bei hohen Umdrehungszahlen zur rotierenden Bewegung überzugehen. In dieser Richtung erhielt der Verfasser besondere Anregung durch Herrn *Prof. Dr. Pauer*, auf dessen Vorschlag schließlich eine Gasentnahmevorrichtung entstand, deren konstruktive Ausführung und Wirkungsweise im folgenden beschrieben sei (Abbildung 4):

Das Hauptglied der verwendeten Apparatur ist ein Steuerorgan, das als Drehschieber ausgebildet ist und folgendermaßen arbeitet:

Ein Drehkolben a, der bei Zweitaktmaschinen die Umlaufzahl der Maschinenwelle, bei Viertaktmaschinen die der Steuerwelle haben muß, läuft in einer von z. B. hier 5 zu 5° verstellbaren Büchse b, die mit den Schlitzen 1 und 2 versehen ist; diese Schlitze liegen in gleicher Höhe mit den Ringräumen 3 und 4 des zylindrischen Körpers c, der seinerseits wieder mit dem Körper d verschraubt ist, wodurch der Kühlraum 5 gebildet wird. Mit d ist schließlich das Stück e verschraubt. Der Körper c wird zweckmäßig an der Stelle des Dekompressionsventiles in den Motorzylinder eingeschraubt.

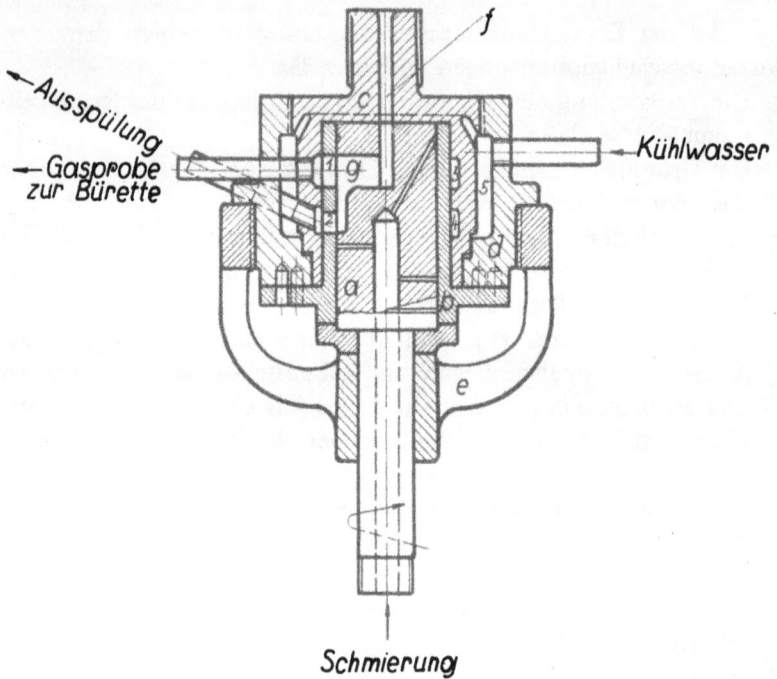

Abbildung 4

Bei Betrieb kann durch dieses Steuerorgan nach je einer Umdrehung eine Gasprobe durch die Bohrung f und in ihrer Fortsetzung durch den Kanal g, der die gleiche Breite wie die Schlitze 1 und 2 besitzt (2 mm), in die Ringräume 3 und 4 und von da nach außen treten; in einer angeschlossenen Bürette werden die Proben gesammelt. Wegen der Notwendigkeit der Ausspülung des schädlichen Raumes der Apparatur, in dem bis zur nächsten Entnahme ein Gasrest zurückbleibt, der in seiner Zusammensetzung etwa einem durch ein Arbeitsspiel sich ergebenden Mittel entspricht, ist der Schlitz 2 in der Büchse vorgesehen, und zwar um Schlitzbreite entgegengesetzt der Drehrichtung gegen Schlitz 1 versetzt. Durch diese Anordnung ist es möglich, vor jeder Entnahme zunächst den schädlichen Rest auszuspülen.

Um die heißen Gase abzuschrecken und Nachbrennen zu vermeiden, wird die Apparatur gekühlt.

Bei Verwendung der Einrichtung zum Indizieren wird an den Anschluß zum Ringraum 1 ein Manometer angeschlossen, sodaß mit Hilfe der abgelesenen Drücke, die zu den jeweiligen Einstellungen der Büchse gehören, ohne weiteres das Diagramm über dem Kurbelwinkel und daraus das Indikatordiagramm aufgezeichnet werden kann. Es ist hier natürlich, da ein Ausspülen der Apparatur nicht nötig ist, eine Büchse mit nur einem Schlitz zu verwenden. Da die Schlitzbreite im vorliegenden Falle 2 mm beträgt, was bei den vorhandenen Abmessungen 10^0 Kurbelwinkel entspricht, gelten alle Proben, bezw. Druckentnahmen für einen Bereich von 10^0 Kurbelwinkel, bei Einstellung der Büchse z. B. auf 45^0 gilt die Probe von $45-55^0$, was bei der Aufzeichnung entsprechend zu berücksichtigen ist (vergleiche Diagramm Nr. 7).

Um Abnutzung und Heißwerden der Apparatur zu vermeiden, empfiehlt es sich, diese Vorrichtung nur bei Vornahme von Messungen einzuschalten. Da nun der Entnahmekolben synchron mit dem Maschinenkolben laufen muß, kann die Ein- und Ausschaltung nicht durch eine gewöhnliche Kupplung geschehen, sondern muß bewirkt werden durch eine sogenannte Stellungskupplung, die es gestattet, die Verbindung zwischen Maschinenwelle und Entnahmekolben so vorzunehmen, daß die Totpunktlage beider übereinstimmt. Zu diesem Zwecke ist vom Verfasser eine Kupplung konstruiert worden, die zunächst als reine Konuskupplung kuppelt, um dann durch eine von außen bewirkte geringe Relativdrehung der Kupplungsscheiben gegeneinander die Kupplung allmählich als Klauenkupplung einzuschalten. Eine Skizze der Kupplung ist in der Abbildung 5 wiedergegeben. Es ist zu erkennen, daß die Kupplung aus 3 Teilen besteht, den Scheiben A, B und C. A sitzt achsial beweglich auf der von der Maschinen- bezw. Steuerwelle (für Viertaktmaschinen) angetriebenen Welle a, die Scheibe B sitzt fest und die Scheibe C lose auf der Welle b, die zur Entnahmevorrichtung führt.

Zunächst wird A eingerückt, dadurch wird B und mit dieser durch den Stift s der Scheibe C, der in das in B befindliche Loch g_1 eingreift, auch C mitgenommen; damit ist beliebige Kupplung bewirkt. Zur Erreichung der Kupplung in bestimmter Stellung der Wellen

15

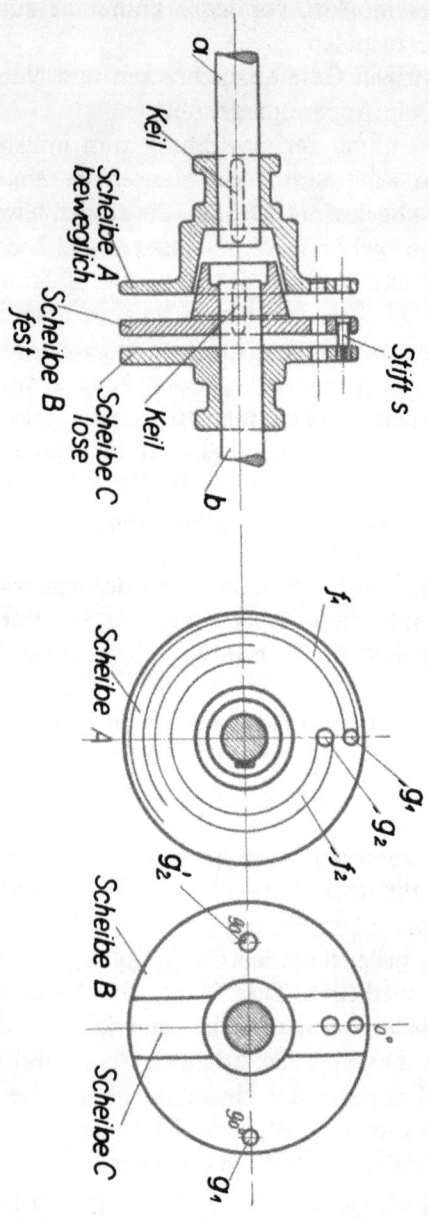

Keil

Scheibe A
beweglich

Scheibe B
fest

Scheibe C
lose

Keil

Stift s

a

b

Scheibe A

f₁

g₁
g₂
f₂
g₂'

Scheibe B

Scheibe C

g₀

0°

g₀

g₁

16

a und b gegeneinander wird nun die Scheibe C nach links eingerückt; dadurch drückt der Stift, der aus der Scheibe B heraustritt,
auf die Scheibe A und hebt die Pressung zwischen A und B zum Teil
auf, wodurch A und B eine geringe Relativdrehung gegeneinander
erfahren. Während dieser Relativdrehung dringt bei weiterem Ein-
rücken der Scheibe C nach links der Stift s, geführt in der konzen-
trischen, schraubenförmig verlaufenden Führung f_1 allmählich in die
Scheibe A ein bis zum Anschlag im Loch g_1, womit die gewünschte
Kupplung erreicht ist.

Um die Kupplung auch für die umgekehrte Drehrichtung verwenden zu können, ist die Anordnung des Stiftes im inneren Loch
g_2 mit Benutzung der entgegengesetzt gerichteten Führung f_2 vorgesehen. Schließlich kann die Kupplung auch zum Indikatorantrieb
für Aufnahme von versetzten Diagrammen verwendet werden. Zu
diesem Zweck sind statt der Löcher g_1 und g_2 die entsprechenden,
um 90° auf der Scheibe B versetzten Bohrungen g_1' bezw. g_2' zu
benutzen.

Es werden im folgenden *die mathematischen Beziehungen
für die Ermittlung des Ausspülverlustes* entwickelt. Hierbei gelten
außer den üblichen (siehe Anhang) folgende Bezeichnungen (siehe
Abbildung 6):

Das auf 1 kg Luft entfallende Brennstoffgewicht x

Das Zylindervolumen bei Kompressions-
   beginn (I)[1]. . . . . $v_I = 0,01446\ m^3$

Das in d. Zylinder eintretende Luftvolum. v_L „

Dasselbe, bezogen auf 15° 1 at . . . . . . $v_{L\,15}$ ncbm

Das in den Zylinder eintretende Brenn-
   stoffvolumen . . . . v_B m^3

Das in den Zylinder eintretende Gemisch-
   volumen . . . . v_Z „

Das Spülverlustvolumen an Gemisch . v_S

Der im Zylinder verbleibende Gasrest. v_R „

Der Raumanteil Luft im Brennstoffluftgemisch . . . . r_L

Der Raumanteil Brennstoff im Brennstoffluftgemisch . . . . r_B

Das Verhältnis v_R/v_L . . . . m

---

[1] siehe Anhang Seite 55

Veränderung des Gasinhaltes im Zylinder während eines Arbeitsspieles.

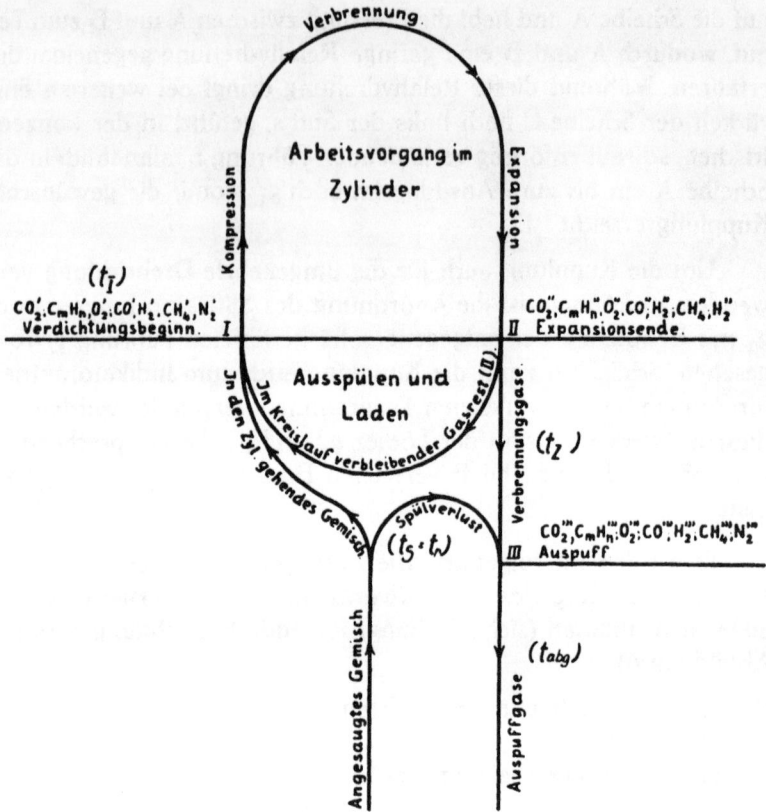

Verbrennung

Arbeitsvorgang im Zylinder

Kompression

Expansion

(t_I)

$CO_2'.C_mH_n'.O_2';CO'H_2'.CH_4'.N_2'$
Verdichtungsbeginn. I

II Expansionsende.
$CO_2'',C_mH_n''.O_2''.CO''H_2''.CH_4''.H_2''$

Ausspülen und Laden

Im Kreislauf verbleibender Gasrest (II)

In den Zyl. gehendes Gemisch

Verbrennungsgase

(t_Z)

Spülverlust

$(t_S \cdot t_r)$

III Auspuff
$CO_2'''.C_mH_n'''.O_2''';CO''H_2'''.CH_4'''.N_2'''$

(t_{abg})

Angesaugtes Gemisch

Auspuffgase

Abbildung 6

Der Spülwirkungsgrad . . . . η_s %
Der Sauerstoff- bezw. Kohlensäure- usw.
    Gehalt bei Kompressionsbeginn (I) O_2', CO_2' usw. R. T. v. H.
Dasselbe bei Expansionsende (II) . . . . . O_2'', CO_2'' „   usw.
Dasselbe im Auspuffstutzen (III) . . . . . O_2''', CO_2''' „   usw.
Die Temperatur der Verbrennungsgase
    nach Expansion auf d. Auspuffdruck t_Z o
Die Temperatur des Spülgemisches . . . t_S „
Das Gesamtladungsgewicht je Stunde . G_{ges} kg/h
Das Gewicht der in den Zylinder eintre-
    tenden Ladung . . . . G_Z „
Das Gewicht des durch Spülung verloren-
    gehenden Gemisches . . . . G_S „

18

Die zugehörigen Gaskonstanten . . . . . . R_Z, R_S

Die zugehörigen mittleren spezifischen
Wärmen . . . . $c_{pz}\big|_o^{tz}$, $c_{ps}\big|_o^{ts}$ kcal/kg°

Die mittlere spezifische Wärme der Aus-
puffgase . . . . $c_{pabg}\big|_o^{tabg}$ „

Die mittlere spezifische Wärme der Luft $c_{pL}\big|_o^{t_L}$ „

Die Nutzbarkeit der Ladung . . . . η_n %

Das Gesamtluftvolumen je Umdrehung
bez. auf 15° 1 at . . . . v_{15} ncbm/Umdr.

Die Temperatur im Zylinder . . . . $\big|$ bei Kompr.- $\big|$ t_1 o

Der Druck im Zylinder . . . . $\big|$ Beginn (I) $\quad\big|$ p_I ata

---

Es tritt in die Maschine ein:

$\qquad$ L $\qquad\qquad$ kg/h Luft

$\qquad$ B $\qquad\qquad$ kg/h Brennstoff,

wobei das Gewichtsverhältnis oder das auf 1 kg Luft entfallende
Brennstoffgewicht gegeben ist durch

$$x = \frac{B}{L}$$

Die Eintrittsvolumina je Umdrehung für die Maschine werden
bezeichnet mit $\qquad$ v_{Lges} $\qquad$ m³ Luft

$\qquad\qquad\qquad\qquad\quad$ v_{Bges} $\qquad$ m³ Brennstoffdampf.

In den Zylinder tritt ein als neue Ladung

$\qquad\qquad\qquad\quad$ v_Z $\qquad$ m³ Brennstoffluftgemisch,

welches sich zusammensetzt aus

$\qquad\qquad\qquad\quad$ v_L $\qquad$ m³ Luft

und $\qquad\qquad\qquad$ v_B $\qquad$ m³ Brennstoffdampf,

sodaß gilt $\qquad\qquad$ $v_Z = v_L + v_B$.

Als Spülverlust geht ein Teil verloren durch unmittelbares Über-
treten in den Auspuff; dieser werde bezeichnet mit

$\qquad\qquad\qquad\quad$ v_S $\qquad$ m³ Brennstoff-Luftgemisch;

er setzt sich zusammen aus

$\qquad\qquad\qquad\quad$ v_{LS} $\qquad$ m³ Luft

$\qquad\qquad\qquad\quad$ v_{BS} $\qquad$ m³ Brennstoffdampf,

sodaß gilt $\qquad\qquad$ $v_S = v_{LS} + v_{BS}$.

Für das gesamte zugeführte Volumen bezw. Gewicht gilt demnach die Gleichung:

(1a) $v_{ges} = v_{Lges} + v_{Bges} = v_Z + v_S = v_L + v_B + v_{LS} + v_{BS}$

(1b) $G_{ges} = L + B = G_Z + G_L + G_B + G_{LS} + G_{BS}$.

Im Zylinder bleibt vom vorhergehenden Prozeß zurück ein Gasrest v_R m³ Abgas, sodaß sich für den Zylinderinhalt bei Kompressionsbeginn (I) ergibt

(2) $v_I = v_L + v_B + v_R$ m³.

In dieser Gleichung kann v_B durch v_L ersetzt werden, da x bekannt ist und sich damit die Raumteile des Brennstoffdampfluftgemisches ermitteln lassen. Es gilt nach Hütte I, 25. Aufl., S. 495 für den Raumanteil des Dampfes in Dampfluftgemischen, hier also des Brennstoffdampfes

$$r_B = \frac{\varphi \cdot \mathfrak{h}}{h} = \frac{R_L/R_B \, ! \, x}{x}, \text{ wobei}$$

φ = relative Feuchtigkeit

$\mathfrak{h}$ = Sättigungsdruck des Brennstoffdampfes in mm Q. S.

h = Gesamtdruck in mm Q. S.

R_L = Gaskonstante der Luft

R_B = Gaskonstante des Brennstoffdampfes, bezogen auf mm Q. S.

daraus $\quad r_L = 1 - r_B.$

Es kann nun v_B durch v_L ausgedrückt werden nach der Beziehung $\quad v_B = r_B/r_L \cdot v_L$, sodaß die Gleichung 2 übergeht in die Form

(2a) $\qquad v_I = v_L + \dfrac{r_B \cdot v_L}{r_L} + v_R$

Gelingt es nun, v_R auch noch durch v_L auszdrücken, dann kann v_L und mit diesem v_B und v_R berechnet werden. – Zu diesem Zweck ist es nötig, das Verhältnis der in den Zylinder neueintretenden Frischluft v_L zu dem im Zylinder verbleibenden Gasrest v_R also v_L/v_R zu ermitteln.

Dafür bietet die Grundlage die Entnahme von Gasproben aus dem Zylinder zur Zeit des Expansions-Endes (II) und zur Zeit des Kompressionsbeginnes (I). Aus der Zusammensetzung der Probe II ist die Sauerstoffmenge, die im Gasrest enthalten ist, aus der Probe I, die mit dem Gasrest im Zylinder verbliebene vermehrt um die durch Frischluft mitgebrachte Sauerstoffmenge zu erkennen. Unter der Voraussetzung, daß die entnommenen Gasproben Mittelproben des Zylinderinhaltes von dem gegebenen Zeitpunkt sind, läßt sich damit das Verhältnis v_L/v_R erfassen. Es sei z. B. die Zusammensetzung des feuchten Gases im Zylinder

bei I) O_2' R.T. v.H. O_2 bei II) O_2'' R.T. v.H. O_2
CO_2' „ CO_2 CO_2'' „ CO_2
CO' „ CO CO'' „ CO
C_mH_n' „ C_mH_n C_mH_n'' „ C_mH_n'
usw.

sodaß $O_2' + CO_2' + CO' + C_mH_n' + \ldots = 1$

bezw. $O_2'' + CO_2'' + CO'' + C_mH_n'' + \ldots = 1$ ist,

dann gilt: Sauerstoffmenge des Zylinder-Inhaltes bei I = Sauerstoffmenge, die die neue Ladung mitbringt, vermehrt um die Sauerstoffmenge, die im Gasrest enthalten ist

oder

unter Benutzung obiger Bezeichnungen:

$$O_2' \cdot (v_L + v_B + v_R) = 0{,}21 \cdot v_L + O_2'' v_R$$

Wird v_B durch v_L ausgedrückt, dann ergibt sich:

$$O_2' \cdot v_L \cdot (1 + r_B/r_L) + O_2' \cdot v_R = 0{,}21 \cdot v_L + O_2'' \cdot v_R$$

bezw. $v_R \cdot (O_2' - O_2'') = v_L \cdot \left| 0{,}21 - O_2' \cdot (1 + r_B/r_L) \right|$

und damit

$$\frac{v_L}{v_R} = \frac{O_2' - O_2''}{0{,}21 - O_2'' \cdot (1 + r_B/r_L)}$$

Ebenso ist v_L/v_R zu bestimmen aus der Änderung der Raumteile der anderen Gase, z. B. CO_2, CO usw., dafür gilt z. B. für CO_2:

$$CO_2' \cdot (v_L + v_B + v_R) = CO_2'' \cdot v_R$$

Die CO_2-Menge des Zylinderinhaltes bei I = CO_2-Menge des Gasrestes (II), da ja kein CO_2 hinzutritt, also:

$$CO_2' \cdot (v_L + v_B + v_R) = CO_2'' \cdot v_R$$
$$CO_2' \cdot v_L (1 + r_B/r_L) + CO_2' \cdot v_R = CO_2'' \cdot v_R$$
$$CO_2' \cdot v_L (1 + r_B/r_L) = v_R \cdot (CO_2'' - CO_2')$$

Es empfiehlt sich, die Gleichung für v_L/v_R nach O_2'' bezw. CO_2'' aufzulösen unter Einsetzung verschiedener Werte für v_L/v_R z. B. für

$$v_L/v_R = 1{,}0 \ 1{,}2 \ 1{,}4 \ 1{,}6 \ 1{,}8 \ 2{,}0 \text{ usw.}$$

und dann dasjenige Verhältnis v_L/v_R als das richtige zu entnehmen, bei dem in der so aufgestellten Tabelle das errechnete O_2'' bezw. CO_2'' mit dem durch die Analyse ermittelten übereinstimmt. Für O_2'' bezw. CO_2'' lautet dann die Gleichung

$$O_2'' = O_2' - \left| 0{,}21 - O_2' \cdot (1 + r_B/r_L) \right| \cdot v_L/v_R$$
$$CO_2'' = CO_2' \cdot \left| 1 + \cdot (1 + r_B/r_L) \cdot v_L/v_R \right|$$

Die größte Genauigkeit in der Ermittlung von v_L/v_R bietet die Gleichung für O_2, da sich der O_2-Gehalt von II bis I am stärksten ändert; zur Kontrolle empfiehlt es sich, die Bestimmung von v_L/v_R auch nach CO_2 durchzuführen, während für die anderen Gase wegen der geringen Änderung ihrer Anteile zwischen Expansionsende (II) und Kompressionsbeginn (I) keine große Genauigkeit zu erwarten ist. Dazu kommt noch, daß diese Anteile nur wenige % betragen und ein Analysenfehler von nur 0.10 vom Hundert hier bereits beträchtliche Abweichungen hervorruft. Für O_2 und CO_2 kommt als Vorteil hinzu, daß ihre Bestimmung experimentell einfach und mit hinreichender Genauigkeit durchzuführen ist.

Das auf diese Weise ermittelte Verhältnis v_L/v_R werde bezeichnet mit $1/m$, dann ist $v_R = m \cdot v_L$

Nunmehr geht die Gleichung 2a über in die Form

$$v_I = v_L + r_B/r_L \cdot v_L + mv_L \qquad (2b)$$
$$v_I = v_L \cdot (1 + r_B/r_L + m)$$

Damit wird

$$v_L = \frac{v_I}{1 + r_B/r_L + m}$$

und mit diesem sind die Volumina v_B und v_R bekannt. Das Verhältnis des Volumens der in den Zylinder eingetretenen Frischluft und des Brennstoffdampfes, also des Gemischvolumens $v_L + v_B$, zum Zylinderinhalt bei Kompressionsbeginn v_I ergibt den ausgespülten Raumanteil des Zylinderinhalts oder, in Prozenten ausgedrückt, den sogenannten Spülwirkungsgrad

$$\eta_s = \frac{v_L + v_B}{v_I} \cdot 100 \qquad (3)$$

In gleicher Weise kann das Verhältnis des durch Spülen verlorengehenden Volumens zum aus dem Zylinder austretenden Abgasvolumen ermittelt werden und zwar durch Verwertung der Analysen der Abgase am Expansionsende (II) und der Auspuffgase, d. h. der Mischung aus Verbrennungsgasen und Spülverlust, für die die Bezeichnung III gewählt wurde. Es bezeichnen hier analog der Aufstellung auf Seite 21

bei II) O_2'' R. T. v. H. O_2 bei III) O_2''' R. T. v. H. O_2

CO_2'' „ CO_2 CO_2''' „ CO_2

usw.   usw.,

dann gilt: Sauerstoffmenge des Gemisches in den Auspuffgasen (III) = Sauerstoffmenge, die die Verbrennungsgase enthalten (II), vermehrt um die Sauerstoffmenge, die der Spülverlust mitbringt,

oder unter Benutzung der entsprechenden Bezeichnungen

$$O_2''' \cdot (v_Z + v_S) = O_2'' \cdot v_Z + O{,}21 \cdot v_{LS}$$

oder, da $v_{LS} = r_L \cdot v_S$

$$O_2''' \cdot (v_Z + v_S) = O_2'' \cdot v_Z + 0{,}21 \cdot r_L \cdot v_S$$

und damit

$$\frac{v_S}{v_Z} = \frac{O_2''' - O_2''}{r_L \cdot 0{,}21 - O_2'''}$$

Dasselbe unter Benutzung von CO_2, wofür gilt:

die CO_2-Menge des Gemisches (III) = CO_2-Menge der Verbrennungsgase (II), da ja kein CO_2 hinzutritt; also

$$CO_2''' \cdot (v_S + v_Z) = CO_2'' \cdot v_Z \quad \text{bezw.} \quad \frac{v_S}{v_Z} = \frac{CO_2'' - CO_2'''}{CO_2'''};$$

diese Gleichungen gelten nur unter der Voraussetzung, daß kein Nachbrennen stattfindet.

Es empfiehlt sich auch hier, die Gleichung für v_S/v_Z nach O_2'' bezw. CO_2'' aufzulösen und unter Einsetzen verschiedener Werte für v_S/v_Z z. B. für $v_S/v_Z = 0{,}12\ 0{,}15\ 0{,}18\ 0{,}21\ 0{,}24\ 0{,}27$ usw. zu verfahren wie früher; für O_2'' bezw. CO_2'' lautet dann die Gleichung

$$O_2'' = O_2''' - (0{,}21 \cdot r_L - O_2''') \cdot v_S/v_Z$$
$$CO_2'' = CO_2''' \cdot (1 + v_S/v_Z).$$

Damit ist das Verhältnis v_S/v_Z bekannt, aber noch nicht eine dieser beiden Größen allein. Um die wirklich nutzbare Luftmenge bezw. Gemischmenge ermitteln zu können, ist es nötig, die entsprechenden Temperaturen t_Z bezw. t_S zu kennen. Die Temperatur der verlorengehenden Spülluft t_S kann mit genügender Annäherung gleich gesetzt werden der mittleren Temperatur der Luft im Aufnehmer bezw., wie es hier der Fall ist, im Überströmkanal. t_r,

also $t_S \cong t_r$

Die Temperatur t_Z, d. h. die Temperatur der Verbrennungsgase nach Expansion auf den Auspuffdruck, muß geschätzt werden. Einen Anhalt für die Schätzung bietet hier die Auspufftemperatur t_{abg}, d. h. die Temperatur der Mischung Verbrennungsgase + Spülluft und das Verhältnis v_S/v_Z bezw. v_L/v_R. Je größer v_S/v_Z oder je kleiner v_L/v_R wird, umso größer ist die Spülluftmenge, d. h. umso tiefer liegt die Auspufftemperatur t_{abg} unter der Temperatur t_Z der aus dem Zylinder austretenden Verbrennungsgase. Ist t_S durch Messung bekannt und t_Z unter Berücksichtigung der eben angeführten Gesichtspunkte geschätzt als die Summe der Auspufftemperatur und eines gewissen Zuschlages zu dieser, dann kann das Gewicht G_Z berechnet werden und zwar auf Grund folgender Beziehungen: Da $P_S \cong P_Z$ ist, gilt:

$$\frac{v_S}{v_Z} = \frac{G_S \cdot R_S \cdot T_S}{G_Z \cdot R_Z \cdot T_Z}$$

bezw.
$$\frac{G_S}{G_Z} = \frac{v_S \cdot G_Z \cdot T_Z}{v_Z \cdot R_S \cdot T_S}$$

Da ferner $G_Z = G_{ges} - G_S$ ist und aus obiger Beziehung

$$G_S = G_Z \cdot \frac{v_S \cdot R_Z \cdot T_Z}{v_Z \cdot R_S \cdot T_S},$$

wird
$$G_Z = G_{ges} - G_Z \cdot \frac{v_S \cdot R_Z \cdot T_Z}{v_Z \cdot R_S \cdot T_S},$$

und damit
$$G_Z = \frac{G_{ges}}{1 + \dfrac{v_S \cdot R_Z \cdot T_Z}{v_Z \cdot R_S \cdot T_S}}, \tag{4}$$

Zur Kontrolle für die Richtigkeit der Schätzung von t_Z kann man nunmehr unter Einsetzen der so errechneten Größen G_Z, G_S und der zugehörigen, mittleren, spezifischen Wärmen nach der Mischungsregel die Mischungstemperatur, also die Auspufftemperatur

$$t_{abg} = \frac{G_Z \cdot \left. c_{pz} \right|_o^{t_Z} \cdot t_Z + G_S \cdot \left. c_{ps} \right|_o^{t_S} \cdot t_S}{G_Z \cdot \left. c_{pz} \right|_o^{t_Z} + G_S \cdot \left. c_{ps} \right|_o^{t_S}} \tag{5}$$

berechnen. Stimmt der so errechnete Wert mit dem gemessenen überein, dann sind die Schätzungen als richtig zu betrachten. Das Verhältnis des in den Zylinder gehenden wirksamen Ladungsgewichtes zum Gesamtgewicht ist der sogenannte nutzbare Anteil der Gesamtladung; er werde bezeichnet mit η_n, die Nutzbarkeit der Ladung, und hat, in Prozenten ausgedrückt, den Wert:

$$\eta_n = G_Z/G_{ges} \cdot 100 = \frac{100}{1 + \dfrac{v_S \cdot R_Z \cdot T_Z}{v_Z \cdot R_S \cdot T_S}} \% \tag{6}$$

Der Spülverlust ist dann

$$G_S = G_{ges} - G_Z \text{ bezw. in } \% \text{ ausgedrückt } 1 - \eta_n \%.$$

Durchführung und Auswertung der Versuche

Zur Bestimmung des Ausspülverlustes wurden vier Versuche bei verschiedenen Belastungen zwischen Halb- und Normal-Last durchgeführt.

Als Brennstoff wurde Benzin benutzt; zur Schmierung wurde das Öl durch Beimischung zum Brennstoff zugeführt. Aus einer Reihe von Vorversuchen ergab sich ein günstigstes Verhältnis Öl/Benzin von 1/12.

Der Heizwert des Benzins war zugleich mit der Bestimmung der Elementar-Analyse in dem chemischen Laboratorium für calorimetrische Untersuchungen von Dr. H. Langbein, Niederlößnitz bei Dresden, ermittelt worden zu $H_u = 10\,288$ kcal/kg. Der Mittelwert aus 5 sorgfältig durchgeführten Heizwertbestimmungen durch den Verfasser ergab einen unteren Heizwert von 10 280 kcal/kg, also gute Überstimmung.

Die Elementar-Analyse ergab folgende Werte:
$$c = 0,8517$$
$$h = 0,1442$$
$$s + o = 0,0041$$
Das spezifische Gewicht wurde zu $\gamma = 0,71$ bestimmt.

Die zur vollkommenen Verbrennung theoretisch notwendige Luftmenge L_{min} in ncbm/kg beträgt
$$L_{min\ 15°\ 1\ at} = 9,70 \cdot c \cdot \sigma, \text{ wobei die Kennziffer}$$
$$\sigma = 1 + 3 \cdot \frac{h - {}^o/8}{c},$$
$$= 9,70 \cdot 0,8517 \cdot 1,507 = 12,45 \text{ ncbm/kg.}$$
Das Molekulargewicht M des Benzindampfes ist mit genügender Genauigkeit mit 107 einzusetzen (vergleiche Neumann, Dissertation 1908, Seite 18).

Nachdem die Maschine längere Zeit im Beharrungszustand gelaufen war, wurden die Messungen, bezw. die auf Seite 13 beschriebenen gesteuerten Entnahmen von Gasproben vorgenommen. Für Versuch 96 sind über ein Arbeitsspiel hinweg in ungefähr gleichen Abständen 32 Proben aus dem Zylinder, dazu 9 Dauerproben über einen Zeitraum von etwa 15 Minuten aus dem Auspuffstutzen entnommen und auf ihren Gehalt an Kohlensäure, schweren Kohlenwasserstoffen, Sauerstoff, Kohlenoxyd, Wasserstoff, Methan und Stickstoff als Rest analysiert worden. Für die Versuche 97—99 sind, um den

Verbrennungsverlauf zu erkennen, je 10—12 Proben für ein Arbeitsspiel entnommen und nur auf Kohlensäure, schwere Kohlenwasserstoffe und Sauerstoff untersucht worden, während für die wichtigsten Punkte, also zu Kompressionsbeginn (I), Expansionsende (II) und im Auspuff (III), auch diese Proben auf alle Bestandteile untersucht wurden. Im ganzen sind 79 Proben entnommen worden. Die Ergebnisse sind in Abhängigkeit vom Kurbelweg in den Diagrammen 7—10 aufgetragen, aus denen dann die mittleren Analysen für I, II und III entnommen und in Zahlentafel III zusammengestellt werden konnten. Für dieselben Versuche ist die Gasentnahmevorrichtung auch zum Indizieren benutzt worden in der auf Seite 15 beschriebenen Weise; die aufgenommenen Drücke sind aufgezeichnet in Abhängigkeit vom Kurbelweg und schließlich in den Diagrammen 7a÷10a über dem Kolbenweg (Indikatordiagramme).

Die Entnahmemenge wurde bei den Versuchen so eingestellt, daß sie, um den Gang der Maschine möglichst wenig zu beeinflussen, pro Hub etwa 0,5% des Hubvolumens betrug; für Vorausspülen des schädlichen Raumes der Entnahmevorrichtung, der 0,506% des Hubvolumens der Maschine beträgt, gingen etwa 0,7% verloren, sodaß für jeden Hub im ganzen etwa 1,2% des Hubvolumen aus dem Zylinder entnommen wurden. Die Festlegung dieser Größen für die Entnahme- und Spülmengen geschah durch Vorversuche, in denen diese Mengen mit Hilfe einer vorher geeichten Luftuhr gemessen und auf den Hub bezogen umgerechnet wurden. Die den angegebenen Entnahme- bezw. Spülmengen entsprechenden Einstellungen der Drosselhähne an den Entnahmestutzen der Gasentnahmevorrichtung wurden durch Marken festgelegt und für sämtliche Versuche beibehalten. Bei der Verwendung der Entnahmevorrichtung zum Indizieren war an dem Entnahmestutzen ein Kontrollmanometer mit einem Meßbereich bis zu 20 at und einer in 1/5 at eingeteilten Skala, für die niederen Drücke, d. h. vom Öffnen des Auslaßschlitzes bis etwa zur Hälfte des Kompressionshubes, ein Quecksilbermanometer angeschlossen.

Für die Auswertung ist nun zunächst folgendes zu beachten: Durch die Analyse werden nur die Raumanteile der *trockenen* Gase ermittelt, das Zylindervolumen wird jedoch von *feuchtem* Gas ausgefüllt, es müssen dementsprechend der Berechnung von v_L/v_R die Analysen des feuchten Gases zu Grunde gelegt werden. Da nun die im Zylinder verbrannte Brennstoffmenge nicht bekannt ist, mit deren Hilfe das bei der Verbrennung entstehende H_2O leicht zu berechnen ware, muß H_2O durch andere vorhandene Größen, die darauf schließen lassen, ermittelt werden; solche Größen sind die Werte der Elementaranalyse und der Abgasanalyse. Es wird zu diesem Zweck folgender Rechnungsgang durchgeführt:

Zunächst wird die Gleichung für das Volumen der trockenen Verbrennungsgase aufgestellt und zwar

1. nach der Kohlenstoffbilanz $V_{tr} = \dfrac{2 \cdot c}{CO_2 + CO + CH_4}$

2. nach der Wasserstoffbilanz $V_{tr} = \dfrac{12 \cdot h}{H_2 + 2\,CH_4 + H_2O}$.

Diese beiden Gleichungen werden durcheinander dividiert

$$1 = \frac{2 \cdot c \cdot (H_2 + 2\,CH_4 + H_2O)}{12 \cdot h \cdot (CO_2 + CO + CH_4)}$$

und nach H_2O aufgelöst:

$$H_2O = 6 \cdot h/c \cdot (CO_2 + CO + CH_4) - H_2 - 2\,CH_4.$$

Die Raumteile für feuchtes Gas ergeben sich dann nach der Beziehung:

$$R.\,T._{feucht} = \frac{R.\,T.\ trocken}{100 + H_2O}$$

Als Beispiel soll für die Analyse der Gasprobe II von Versuch 96 (siehe Zahlentafel III) der Wasserdampfgehalt H_2O berechnet werden:

$$H_2O = 6 \cdot 14, 42/85, 17 \cdot (8,2 + 1,7 + 0,3) - 0,9 - 0,6$$
$$= 1, 016 \cdot 10,2 - 1,5$$
$$= 8,87\%.$$

Daraus die Raumteile Sauerstoff für feuchtes Gas z. B.

$$O_{2feucht} = \frac{O_2\ trocken}{100 + H_2O} = \frac{6,4}{108,87} = 5,88\%$$

(vergleiche Zahlentafel IV).

Auf diese Weise sind unter Einsetzen der entsprechenden Zahlenwerte aus den Analysenwerten der trockenen Gase (Zahlentafel III) die für feuchtes Gas (Zahlentafel IV) berechnet worden.

Berechnung des Ausspülverlustes

Da die Luft in einer nassen Luftuhr gemessen wird, ist anzunehmen, daß sie mit Wasserdampf gesättigt ist. Es wäre also, um genau zu verfahren, auch der mit der in den Zylinder eintretenden Frischluft vorhandene Wasserdampf mit zu berücksichtigen, sodaß die Gleichung 2b (Seite 22) übergeht in die Form:

$$v_I = v_L + r_B/r_L \cdot v_L + r_D/r_L \cdot v_L + m \cdot v_L$$
$$= v_L (1 + r_B/r_L + r_D/r_L + m),$$

wobei r_D den Raumanteil des Wasserdampfes in der Luft bedeutet.

Da jedoch der H_2O-Anteil selbst bei Sättigung ($q = 1$) hier durchweg unter 1% bleibt, ist er hier ohne weiteres zu vernachlässigen; für überschlägige Berechnungen könnte auch der Brennstoffanteil $v_B = r_B/r_L \cdot v_L$ vernachlässigt werden, zumal die Bestimmung von m auf Grund von Analysenwerten kaum innerhalb der Genauigkeitsgrenze von 1% liegen dürfte. Im Folgenden soll unter Benutzung der angegebenen mathematischen Beziehungen (vergleiche Seite 17 ff.) der Versuch 96 als Beispiel durchgerechnet werden. Zunächst ist x zu bestimmen:

$$x = B/L = 0{,}94/12{,}32 = 0{,}0763$$

Hieraus

$$r_B = \frac{x}{R_L/R_B + x},$$

wobei die Gaskonstanten für Luft bezw. Benzindampf bezogen auf mm Q. S. die Werte

$$R_L = \frac{848 \cdot 735{,}5}{29 \cdot 10^4} = 2{,}153 \text{ und } R_B = \frac{848 \cdot 735{,}5}{107 \cdot 10^4} = 0{,}584$$

haben. Damit wird $r_B = \dfrac{0{,}0763}{3{,}69 + 0{,}0763} = 0{,}0203$.

Da $r_B + r_L = 1$ ist, wird $r_L = 0{,}9797$ und $r_B/r_L = \dfrac{0{,}0203}{0{,}9797} = 0{,}0208$.

Zur Bestimmung der Größe $m = v_R/v_L$ wird unter Benutzung der Analysenwerte der feuchten Gase (Zahlentafel IV) O_2'', CO_2'' und CO'' berechnet nach den auf Seite 21 angegebenen Gleichungen und eine Tabelle dieser Werte für verschiedene Werte von v_L/v_R aufgestellt; daraus ist dann in der oben angegebenen Weise das Verhältnis v_L/v_R zu entnehmen. Nach Einsetzen der entsprechenden Analysenwerte lauten die Gleichungen für O_2'', CO_2 und CO''

$$O_2'' = O_2' - \left| 0{,}21 - O_2' \cdot (1 + r_B/r_L) \right| \cdot v_L/v_R$$

$$= 0{,}1512 - \left\lceil 0{,}21 - 0{,}1512 \cdot (1 + 0{,}0208,) \right\rceil \cdot v_L/v_R$$

$$CO_2'' = CO_2' \cdot \left| 1 + (1 + r_B/r_L) \cdot v_L/v_R \right|$$

$$= 0{,}0291 \cdot \left| 1 + (1 + 0{,}0208) \cdot v_L/v_R \right|$$

$$CO'' = CO' \cdot \left\lceil 1 + (1 + r_B/r_L) \cdot v_L/v_R \right\rceil$$

$$= 0{,}00582 \cdot \left| 1 + (1 + 0{,}0208) \cdot v_L/v_R \right|$$

Es ergeben sich hierbei für

	O_2''	CO_2''	CO''
bei $v_L/v_R = 1{,}4$	0,0734	0,0707	0,0141
$= 1{,}5$	0,0679	0,0736	0,0147
$= 1{,}6$	0,0624	0,0765	0,0153

$$= 1{,}7 \quad 0{,}0567 \quad 0{,}0795 \quad 0{,}0159$$
$$= 1{,}8 \quad 0{,}0512 \quad 0{,}0824 \quad 0.0165$$

Nach Zahlentafel IV sind die Analysenwerte $\quad O_2" = 0{,}0588$
$$CO_2" = 0{,}0753$$
$$CO" = 0{,}0156.$$

Übereinstimmung der errechneten mit den Analysenwerten liegt bei $v_L/v_R \cong 1{,}6$; damit wird $m = 0{,}625$. Ein Blick in die Spalte für $CO"$ läßt sofort erkennen, welch große Abweichung in der Rechnung sich bei einem Analysenfehler von nur $\frac{1}{2}\%$ einstellt, sodaß es, wie schon früher erwähnt, zur Bestimmung von m nur Zweck hat, mit den Analysenwerten von O_2 und CO_2 zu rechnen. Nunmehr kann nach Gleichung 2b v_L berechnet werden. Es gilt:
$v_I = v_L \cdot (1 + 0{,}0208 + 0{,}625)$, und da $v_I = 144{,}6 \, m^3 \cdot 10^{-6}$ nach
Seite 55, $\qquad\qquad 144{,}6 = v_L \cdot 1{,}6458$
also $\qquad\qquad\qquad v_L = 87.7 \, m^3 \, 10^{-6}$ ist, wird
$$v_B = 0{,}0208 \cdot 87{,}7 = 1{,}83 \, m^3 \cdot 10^{-6}$$
$$v_R = 0{,}625 \cdot 87{,}7 = 55{,}07 \cdot 10^{-6}$$

Der Spülwirkungsgrad ist dann nach Gleichung 3
$$\eta_s = 100 \cdot \frac{87{,}7 + 1{,}83}{144{,}6} = 62\%.$$

Um den nutzbaren Anteil der Gesamtladung bezw. η_n, die sogenannte Nutzbarkeit der Ladung, zu berechnen (Gleichungen 4 und 6), sind das Verhältnis v_S/z_Z, die Gaskonstanten und die entsprechenden Temperaturen zu bestimmen; v_S/v_Z wird in gleicher Weise wie v_L/v_R unter Benutzung der Analysenwerte von II und III bestimmt nach den Gleichungen (vergleiche Seite 23):
$$O_2" = O_2''' - (0{,}21 \cdot r_L - O_2''') \cdot v_S/v_Z$$
$$= 0{,}0747 - (0{,}21 \cdot 0{,}9797 - 0{,}0747) \cdot v_S/v_Z$$
$$CO_2" = CO_2''' \cdot (1 + v_S/v_Z)$$
$$= 0{,}0644 \cdot (1 + v_S/v_Z)$$
$$CO" = CO''' \cdot (1 + v_S/v_Z)$$
$$= 0{,}0138 \cdot (1 + v_S/v_Z)$$

Hierbei ergeben sich für	$O_2"$	$CO_2"$	$CO"$
bei $v_S/v_Z = 0{,}115$	0,0597	0,0740	0.0154
$= 0{,}120$	<u>0,0591</u>	0,0745	0,01545
$= 0{,}125$	0,0584	0.0748	0,0155
$= 0{,}130$	0,0578	<u>0,0752</u>	<u>0,0156</u>
$= 0{,}135$	0,0571	0,0755	0,01566

Übereinstimmung mit den Analysenwerten liegt hier bei
$$v_S/v_Z \cong 0{,}128.$$

Die Ermittlung der Gaskonstanten R_Z und R_S geschieht nach der bekannten Beziehung

$$R = \frac{848}{\Sigma(r_i M_i)}.$$

Hierbei ist $R_Z = R_{II}$, entsprechend der Zusammensetzung der Verbrennungsgase bei Expansionsende II. Über den Rechnungsgang gibt folgende Tabelle Aufschluß:

Gehalt an	r	M	r · M
O_2	0,0588	32	1,89
CO_2	0,0753	44	3.32
CO	0,0156	28	0,437
$C_m H_n$	0,00276	28,03	0,0773
H_2	0,00827	2,016	0,0167
CH_4	0,00276	16,03	0,0442
H_2O	0,0805	47	3,78
N_2	0,756	28,02	21,2

$$\Sigma (r_i M_i) = 30{,}765$$

damit $\qquad R_Z = 848/30{,}765 = 27{,}6.$

Für die Ermittlung der Gaskonstanten R_S des Spülvolumens, also des Benzindampf-Luftgemisches gilt

Gehalt an	r	M	r · M
Luft	0,9797	28,95	28,35
Benzin	0,0203	107	2,17

$$\Sigma (r_i M_i) = 30{,}52$$

damit $R_S = 848/30{,}52 = 27{,}8.$

Die Temperatur t_Z der Verbrennungsgase nach Expansion auf den Auspuffdruck werde um 30 %, entsprechend 200°, höher geschätzt als die Mischungstemperatur t_{abg} aus Abgasen und Spülgemisch, dessen Temperatur $t_S = t_r = 118°$ beträgt; dann wird, da $t_{abg} = 660°$, nach Gleichung 4:

$$G_Z = \frac{G_{ges}}{1 + \dfrac{v_S \cdot R_Z \cdot T_Z}{v_Z \cdot R_S \cdot T_S}} = \frac{13{,}26}{1 + 0{,}128 \cdot \dfrac{27{,}6 \cdot 1133}{27{,}8 \cdot 389}}$$

$$= 9{,}66 \text{ kg/h, damit } G_S = G_{ges} - G_Z = 13{,}26 - 9{,}66$$
$$= 3{,}64 \text{ kg/h.}$$

Für den nutzbaren Anteil, ausgedrückt in Prozent der Gesamtladung, ergibt sich

$$\eta_n = 100 \cdot G_Z/G_{ges} = \frac{100 \cdot 9{,}66}{13{,}26} = 73\,\%, \text{ dementsprechend}$$

der Spülverlust zu $100 - 73 = 27\,\%.$

Zur Kontrolle wird die Mischungstemperatur $t_{abg\,Kontr.}$ nach Gl. 5 unter Benutzung dieser Größen berechnet zu

$$t_{abg_{Kontr.}} = \frac{G_Z \cdot \left| c_{pz} \right|_0^{t_Z} \cdot t_Z + G_S \cdot \left| c_{ps} \right|_0^{t_S} \cdot t_S}{G_Z \cdot \left| c_{pz} \right|_0^{t_Z} + G_S \cdot \left| c_{ps} \right|_0^{t_S}}$$

$$= \frac{9{,}66 \cdot 0{,}253 \cdot 860 + 3{,}64 \cdot 0{,}242 \cdot 116}{9{,}66 \cdot 0{,}253 + 3{,}64 \cdot 0{,}242}$$

$= 665^\circ$ C, also gegen die gemessene Temperatur von 660° sehr gute Übereinstimmung (0,75% Abweichung). Hierbei ist für die mittlere spezifische Wärme des Gemisches, die für Luft eingesetzt, also

$$\left| c_{ps} \right|_0^{t_S} \cong \left| c_{pL} \right|_0^{t_S} = 0{,}242 \; \text{kcal/kg}^\circ.$$

Die mittlere spezifische Wärme der Verbrennungsgase errechnet sich nach der Beziehung für die Molekularwärme $Mc_p = \Sigma \cdot (r_i \cdot M_i \cdot c_{pi})$, wobei die Molekularwärmen der Einzelgase entnommen sind aus Hütte, 25. Auflage, Band I, Seite 472 bezw. für $C_m H_n$ und CH_4 berechnet sind nach den Beziehungen

$Mc_p = 9{,}4 + 0{,}011 \, t$ für $C_m H_n$
$Mc_p = 7{,}7 + 0{,}008 \, t$ für CH_4 (siehe Hütte, I, Seite 473).

Für die Berechnung von $\left| c_{pz} \right|_0^{t_Z}$ ergibt sich folgender Weg:

Gehalt an	r	Mc_p	rMc_p
O_2	0,0588	7,22	0,424
CO_2	0,0753	11,22	0,845
CO	0,0156	7,22	0,113
$C_m H_n$	0,00276	18,85	0,0052
CH_4	0,00827	14,60	0,121
H_2O	0,0805	8,91	0.717
N_2	0,756	7,22	5,530
		$\Sigma (r_i \, M_i \, c_{pi}) =$	7,7552

damit wird $\left| c_{pz} \right|_0^{t_Z} = \dfrac{\Sigma (r_i \, M_i \, c_{pi})}{m} = \dfrac{7{,}755}{30{,}765} = 0{,}253 \; \text{kcal/kg}^\circ.$

Die Wärmebilanz

(siehe Zahlentafel II)

Im folgenden soll schließlich die Wärmebilanz für den Versuch 96 als Beispiel durchgerechnet werden.

1. Der Maschine wird zugeführt eine Gesamtwärmemenge bezogen auf eine Stunde

$$Q_{ges} = B \cdot h_u = 0,94 \cdot 10280, = \underline{9670 \text{ kcal/h.}}$$

2. Nutzbar gemacht wird die effektive Leistung, ausgedrückt im Wärmemaß

$$Q_e = 632 \cdot N_e = \underline{1035 \text{ kcal/h.}}$$

3. Mit den Auspuffgasen geht verloren eine Wärmemenge von

$$Q_{abg} = Q'_{abg} - Q_L = G_{ges} \cdot \left| c_{pabg} \right|_0^{t_{abg}} t_{abg} - L \cdot \left| c_{pL} \right|_0^{t_L} \cdot t_L \text{ kcal/h.}$$

Die mittlere spezifische Wärme der Auspuffgase für die Auspufftemperatur $t_{abg} = 660°$ wurde nach der bekannten Beziehung

$$c_p = \frac{\sum (r_i M_i c_{pi})}{m}$$

unter Benutzung der Analysenwerte III errechnet zu

$\left| c_{pabg} \right|_0^{t_{abg}} = 0,258 \text{ kcal/kg°}$. Damit wird, da $G_{ges} = 13,26 \text{ kg/h}$ beträgt, $Q_{abg} = 13,26 \cdot 0,258 \cdot 660 \quad 12,32 \cdot 0,241 \cdot 20 = \underline{2200}$ kcal/h.

4. Der Verlust durch unverbrannte Gase ist

$$Q_{uG} = V_{f_{1s}} \cdot \frac{1}{100} \cdot (2800 \cdot CO'' + 2400 \cdot H_2'' + 8055 \cdot CH_4'' + 13520 \cdot C_m H_n'') \text{ kcal/h.}$$

Hierbei sind CO'', H_2'' usw. in R. T. v. H. an CO, H_2 usw. für feuchtes Gas einzusetzen.

Die Berechnung des feuchten Volumens der Verbrennungsgase geschieht aus deren Gewicht nach der Beziehung

$$V_{f_{1s}} = \frac{G_Z \cdot R_Z \cdot 288}{10^4}; \text{ da } G_Z = \eta_n \cdot G_{ges},$$

wird

$$V_{f_{1s}} = \eta_n \cdot G_{ges} \cdot R_Z \cdot 288 \cdot 10^{-4} \text{ ncbm/h}$$
$$= 0,73 \cdot 13,26 \cdot 27,6 \cdot 288 \cdot 10^{-4} = 7,7 \text{ ncbm/h.}$$

Der Ausdruck in der Klammer wird 12390, so daß sich für den Verlust durch unverbrannte Gase ergibt

$$Q_{uG} = 7,7 \cdot 123,9 = \underline{955 \text{ kcal/h.}}$$

5. Der Ausspülverlust ergibt sich als Produkt aus der gesamten zugeführten Wärme und dem Verlustanteil durch die Spülung, also

$$Q_S = (1 - {}^{1}/_n) \cdot Q_{ges} = (1 - 0,73) \cdot B \cdot h_u = 0,27 \cdot 9670$$
$$= \underline{2610 \text{ kcal/h.}}$$

6. Das letzte Glied der Wärmebilanz enthält die für die Kühlung aufgewandte Wärmemenge (nicht gemessen, da Luftkühlung) und die sogenannte Restwärmemenge (Leitung, Strahlung, Kolbenreibung, Fehler) und ergibt sich als

$$Q_{K+R} = Q_{ges} - \Sigma (Q)$$
$$= 9670 - 6800 = \underline{2870 \text{ kcal/h.}}$$

Außer der absoluten Wärmebilanz empfiehlt es sich, diese noch bezogen auf die $PS_e h$ (Q_{ges}/N_e usw.) und in Prozent der Gesamtwärme ($Q_e/Q_{ges} \cdot 100$ usw.) aufzustellen.

Um einen Anhalt für die Temperatur im Zylinder nach dem Ausspülen und Laden, also bei Kompressionsbeginn (Temperatur t_I) zu bekommen, können folgende Beziehungen benutzt werden:

Das in den Zylinder je Hub eintretende Luftvolumen ist, bezogen auf 15° 1 at

$$v_{L_{15}} = {}^{1}/_n \cdot v_{Lges_{15}}, \text{ wobei } v_{Lges_{15}} = \frac{V_{Lges_{15}}}{60 \cdot n}$$
$$= \frac{10,38}{60 \cdot 2460}$$
$$= 70,3 \text{ m}^3 \cdot 10^{-6} \text{ ist.}$$

Außerdem besteht zwischen $v_{L_{15}}$ und v_L, dem im Zylinder bei I befindlichen Luftvolumen von der Temperatur t_I, die Beziehung

$$v_{L_{15}} = v_L \cdot \frac{P_I \cdot 288}{10^4 \cdot T_I} = v_L \cdot 288/T_I, \text{ da } p_I \cong 1 \text{ at; es ist also}$$

$$v_{L_{15}} = {}^{1}/_n \cdot v_{Lges_{15}} = v_L \cdot 288/T_I, \text{ woraus sich ergibt}$$

$$T_I = \frac{v_L \cdot 288}{{}^{1}/_n \cdot v_{Lges_{15}}} = \frac{87,7 \cdot 288}{0,73 \cdot 70,3} = 493, \text{ also } t_I = 220^\circ \text{ C.}$$

In dieser Weise sind die Versuche 96 bis 99 ausgewertet worden und die Ergebnisse in den Zahlentafeln I und II, die Rechnungshilfsgrößen in Zahlentafel V bzw. den Diagrammen 7 bis 10 zusammengestellt worden. Zu Versuch 98, bei dem der CO_2-Gehalt im Auspuff (III) größer ist, ein Zeichen, daß dort Nachbrennen stattgefunden hat, und demnach die Ermittlung von $v_S/_Z$ in der angegebenen Weise (vergleiche Seite 23) nicht möglich ist, ist zu bemerken, daß in solchen Fällen für die Schätzung der Temperatur t_Z nur das Verhältnis v_L/v_R dienen kann und außerdem v_S/v_Z entsprechend

v_L/v_R und den Werten aus anderen Versuchen, die bei naheliegenden Leistungen (hier also 97 und 98) durchgeführt worden sind, zu schätzen ist. Die geschätzten Temperaturwerte t_Z und die zur Kontrolle rückwärts wie oben gezeigt durchgeführten Berechnungen von $t_{abg\ Kontr.}$ sind in der Zahlentafel V mit aufgeführt.

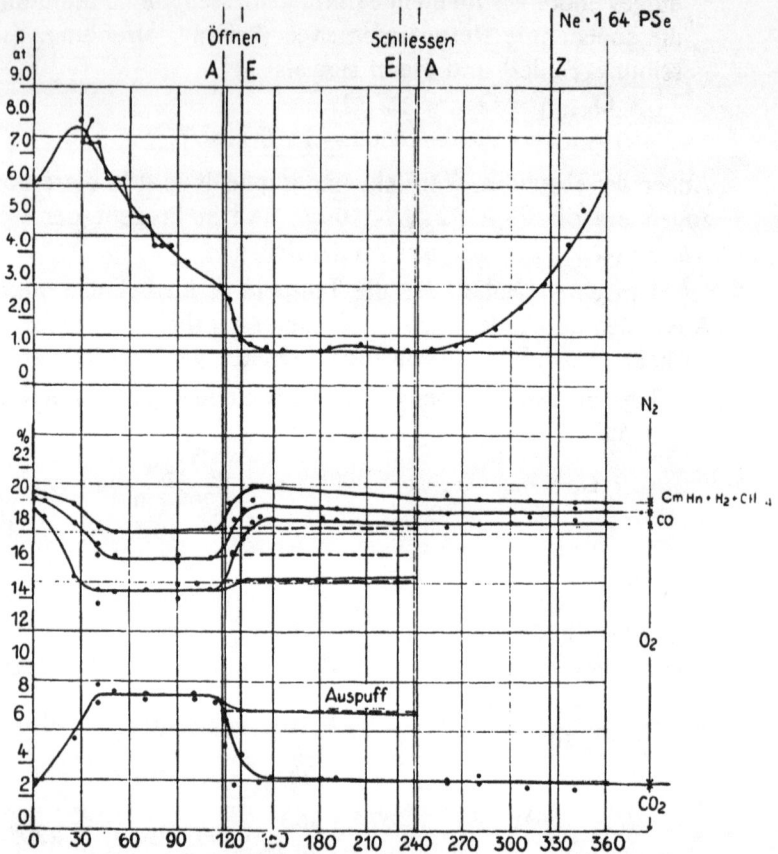

Abbildung 7

Die Versuchsergebnisse

In den Diagrammen 7—10 sind aufgezeichnet als Summe die Zusammensetzungen der Gase für ein Arbeitsspiel in Abhängigkeit vom Kurbelweg, also der Verbrennungsverlauf; ferner in gleicher Weise der Druckverlauf während eines Arbeitsspieles. Das Öffnen und Schließen der Ein- und Auslaßschlitze und der Zündzeitpunkt sind darin eingezeichnet. Es ist deutlich zu erkennen, daß z. B. bei

34

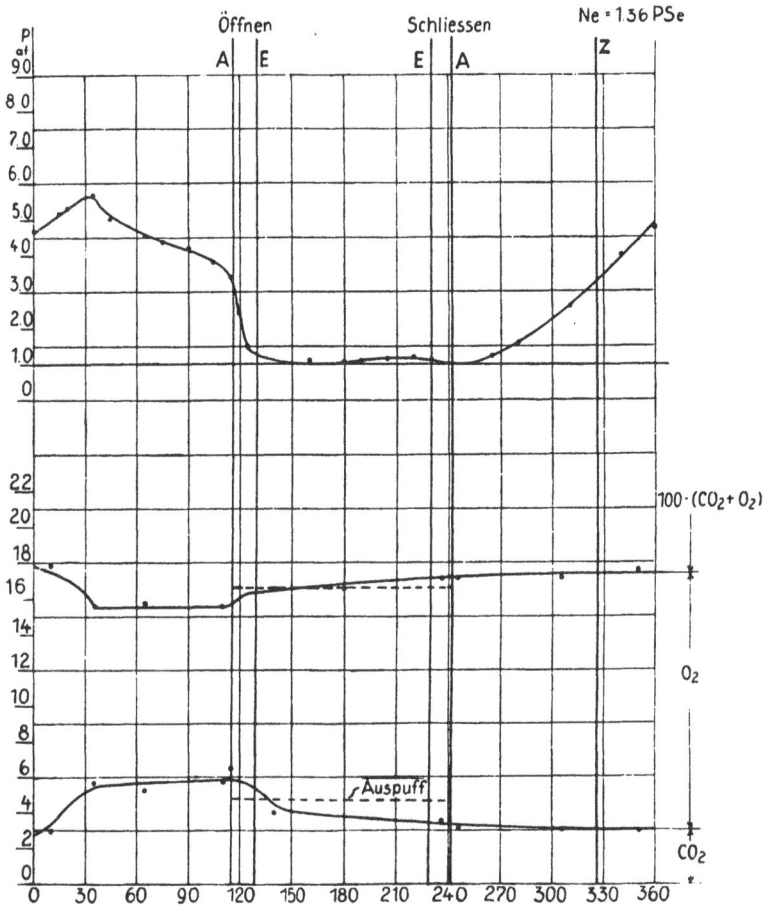

Abbildung 8

Versuch 96, ein Versuch bei Normallast und günstigem Mischungsverhältnis, die Verbrennung bei etwa 40° Kurbelweg beendet ist;
denn von da ab ist keine Veränderung in der Gaszusammensetzung
mehr zu bemerken bis zum Öffnen des Auslaßschlitzes (118°) und
des Einlaßschlitzes (130°), wo sofort durch Hinzutreten der frischen
Ladung ein starkes Ansteigen des Sauerstoffgehaltes eintritt bezw.
durch die Ausspülung eine Abnahme des Gehaltes an Kohlensäure,
Kohlenoxyd, schweren Kohlenwasserstoffen usw. Vom Öffnen bis
zum Schließen des Auslaßschlitzes findet der Auspuff statt, die Zusammensetzung des Auspuffgases ist für diesen Zeitraum eingezeichnet. Hierbei ist natürlich unter der Voraussetzung, daß kein
Nachbrennen stattgefunden hat, der Kohlensäure-, Kohlenoxyd-

35

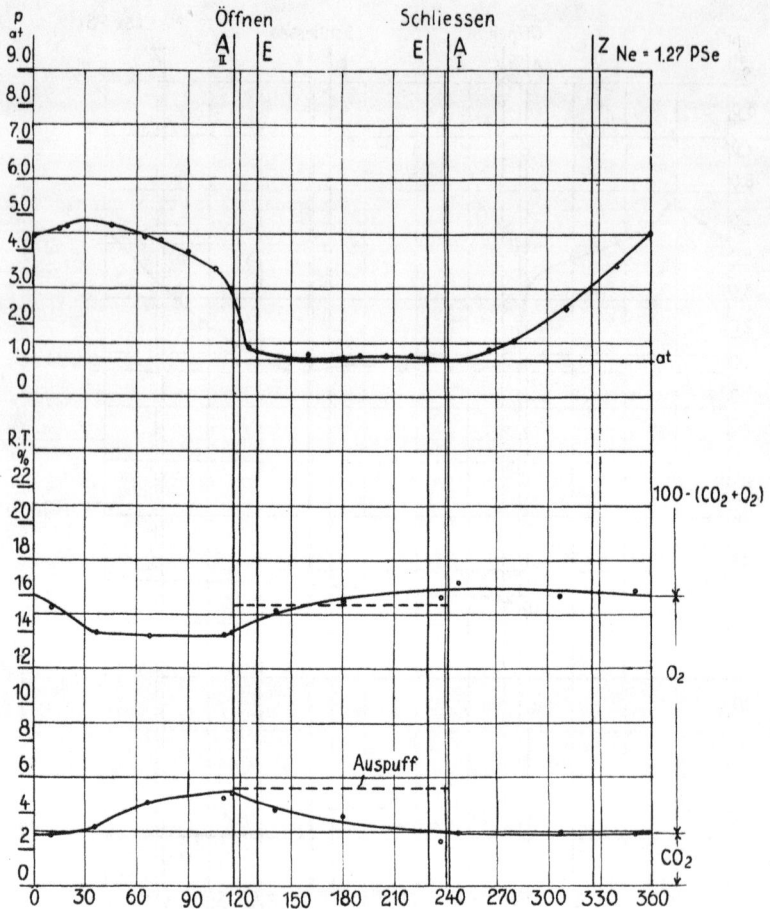

Abbildung 9

usw. -Gehalt kleiner als am Ende der Expansion, der Sauerstoffgehalt entsprechend größer, da durch die Vermischung mit dem Spülverlustvolumen, das direkt in den Auspuff übertritt, eine Verdünnung der austretenden Verbrennungsgase eintritt. Die Diagramme lassen den Verbrennungsverlauf und die Art der Verbrennung deutlich erkennen. Je kleiner die Leistung, umso schlechter und umso schleichender ist die Verbrennung, was ohne weiteres aus der Größe des CO_2-Gehaltes bei Expansionsende (II) und aus dem Verlauf der CO_2-Kurve zu erkennen ist, bezw. aus den Werten der noch brennbaren Bestandteile in den Gasen am Ende des Expansionshubes bezw. zu Beginn der Kompression. Das Diagramm 11, in dem der CO_2- bezw. CO-Gehalt bei II und I in Abhängigkeit von der Belastung aufgetragen

36

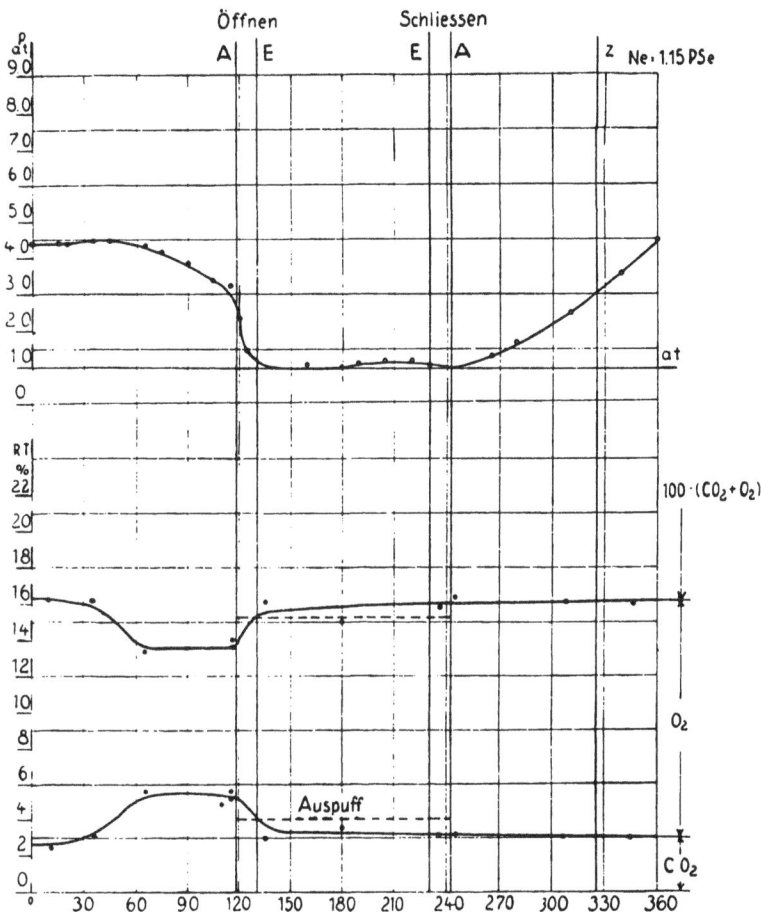

Abbildung 10

ist, besagt: der CO_2-Gehalt am Ende der Expansion steigt mit steigender Leistung von Halb- bis Normallast entsprechend günstiger
werdender Verbrennung von 4,6 auf 7,5%, er bleibt nach dem Ausspülen und Laden für alle Leistungen rund 3%, der CO-Gehalt
bei II fällt mit steigender Leistung von 4,1 auf 1,5%, entsprechend
bei I von 2,5 auf 0,6%. Die übrigen brennbaren Bestandteile machen
für alle Leistungen durchweg weniger als 1% aus und kommen
deswegen für die Diskussion kaum in Betracht.

Vergleicht man die Diagramme 7—10 des Verbrennungsver-
laufes mit den zugehörigen Indikatordiagrammen 7a—10a, so ist
sofort zu erkennen, daß auch der aufgenommene Druckverlauf den
Vorgang im Zylinder in der angegebenen Weise bestätigt, z. B. mit

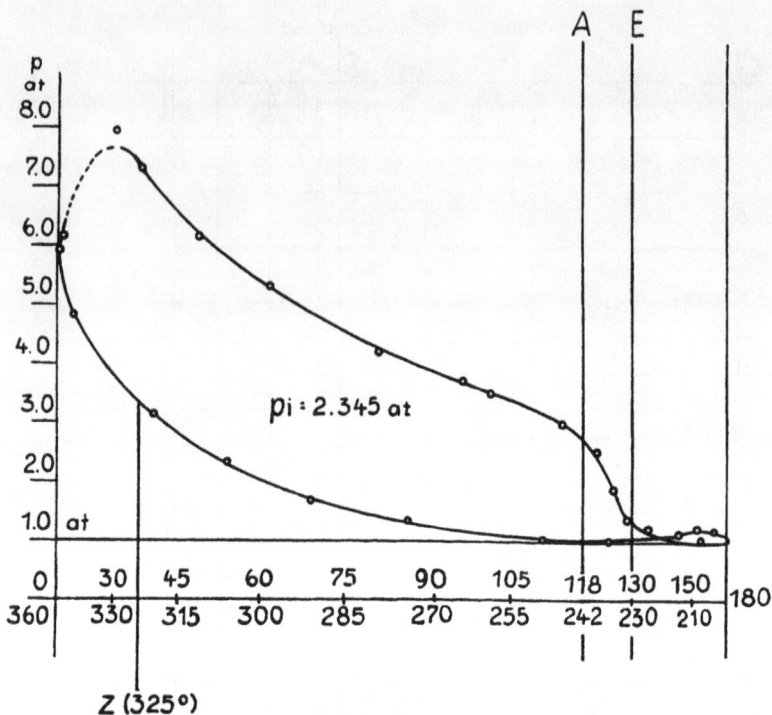

Abbildung 7 a

geringeren Belastungen der Maschine die immer stärker in Erscheinung tretende schleichende Verbrennung erkennen läßt. Die Form des Indikatordiagrammes weist darauf hin, daß zur Erreichung einer möglichst großen Diagrammfläche — die Drucksteigerung soll möglichst im Totpunkt beendet sein — die Zündung früher liegen muß, je größer der Verdünnungsgrad der Ladung ist, da dieser die Zündgeschwindigkeit der Ladung herabsetzt. Es wäre also hier von großem Vorteil, wenn die Zündung für kleinere Leistungen früher eingestellt werden könnte; leider ist sie nicht verstellbar; sie liegt auch für günstige Leistungen noch etwas zu spät; das dürfte vom Hersteller mit Absicht geschehen sein mit Rücksicht auf leichteres Anspringen beim Anfahren, da dieser Motor ja hauptsächlich als Fahrzeugmotor gedacht ist.

Es ist festzustellen, daß die Indikatordiagramme in qualitativer Hinsicht recht gut zu verwerten sind. Ihre Auswertung in quantitativer Hinsicht hat durch mehrfaches Planimetrieren die auf den Diagrammen angegebenen, mittleren indizierten Drücke und die daraus berechneten indizierten Leistungen und mechanischen Wirkungsgrade ergeben, die in folgender Tabelle zusammengestellt sind.

38

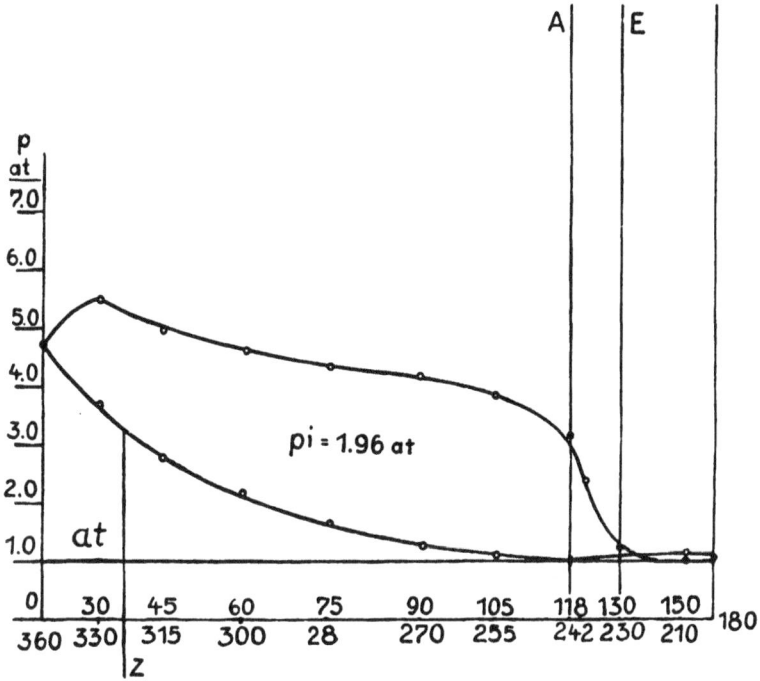

p
at
7.0
6.0
5.0
4.0
3.0
$p^i = 1.96$ at
2.0
1.0
at
0

| 30 | 45 | 60 | 75 | 90 | 105 | 118 130 | 150 | 180 |
| 360 330 | 315 | 300 | 28 | 270 | 255 | 242 230 | 210 | |

Z

Abbildung 8a

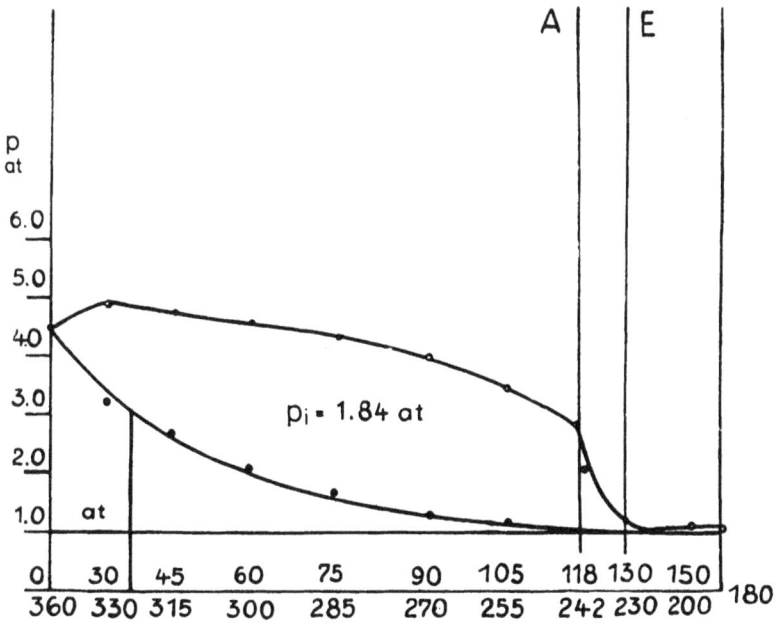

A   E

p
at
6.0
5.0
4.0
3.0
$p_i = 1.84$ at
2.0
1.0
at
0

| 30 | 45 | 60 | 75 | 90 | 105 | 118 130 | 150 | 180 |
| 360 330 | 315 | 300 | 285 | 270 | 255 | 242 230 | 200 | |

Abbildung 9a

39

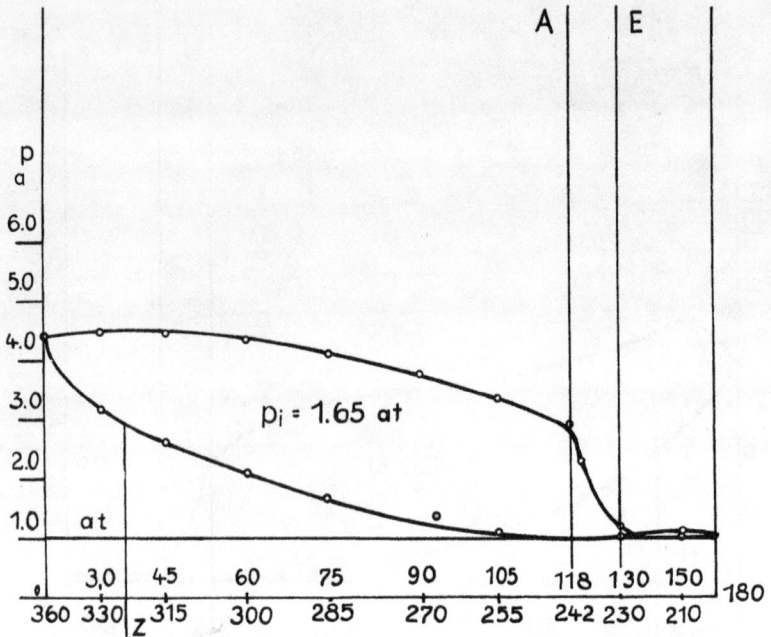

Abbildung 10a

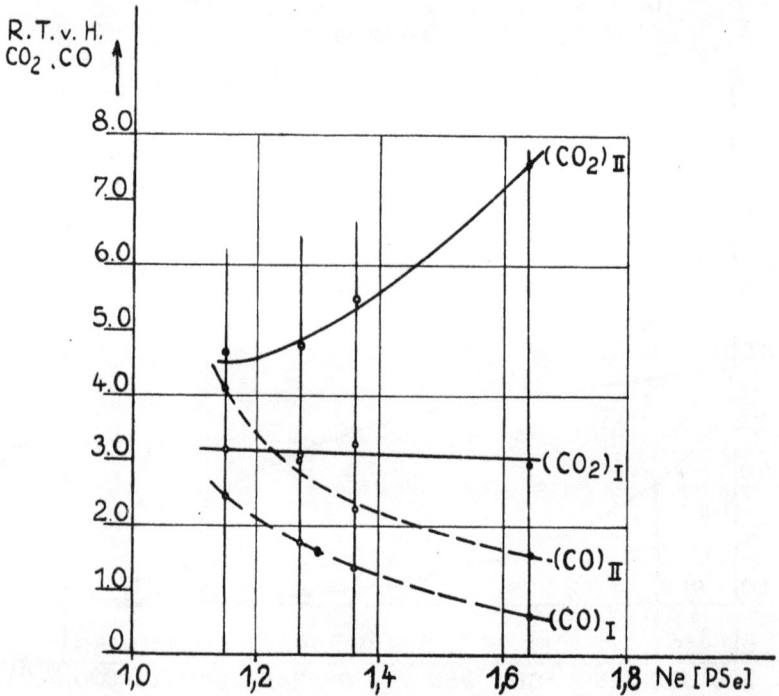

Abbildung 11

40

Versuch	Nr.	96	97	98	99
N_e	PS_e	1,64	1,36	1,27	1,15
N_i	PS_i	1,83	1,54	1,43	1,32
η_{mech}	$\%$	89,3	88,2	88,6	87,1

Dieser mechanische Wirkungsgrad von rund 88% erscheint hoch, andernteils ist zu bedenken, daß außer der Kolbenreibung, die wohl den Hauptanteil der Reibungsleistung ausmacht, für Reibungsverluste nur noch ein Zahnräderpaar für die Getriebeübersetzung und zwei Kugellagerpaare in Betracht kommen, die alle sehr gut bearbeitet sind und dauernd in Öl laufen. Für moderne Zahnräder und Kugellager werden mechanische Wirkungsgrade von 96—98%

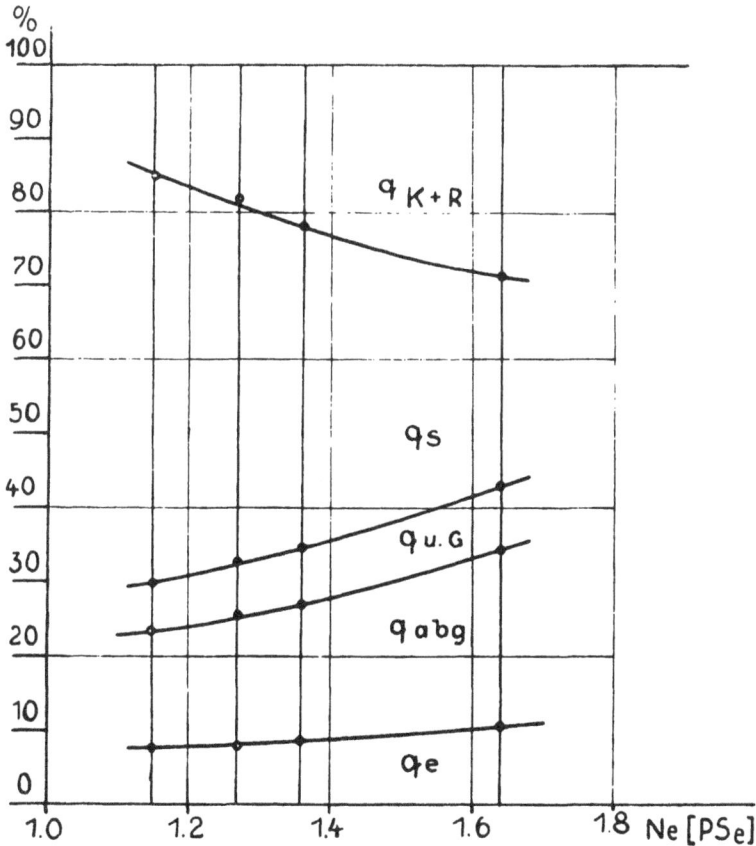

Abbildung 12

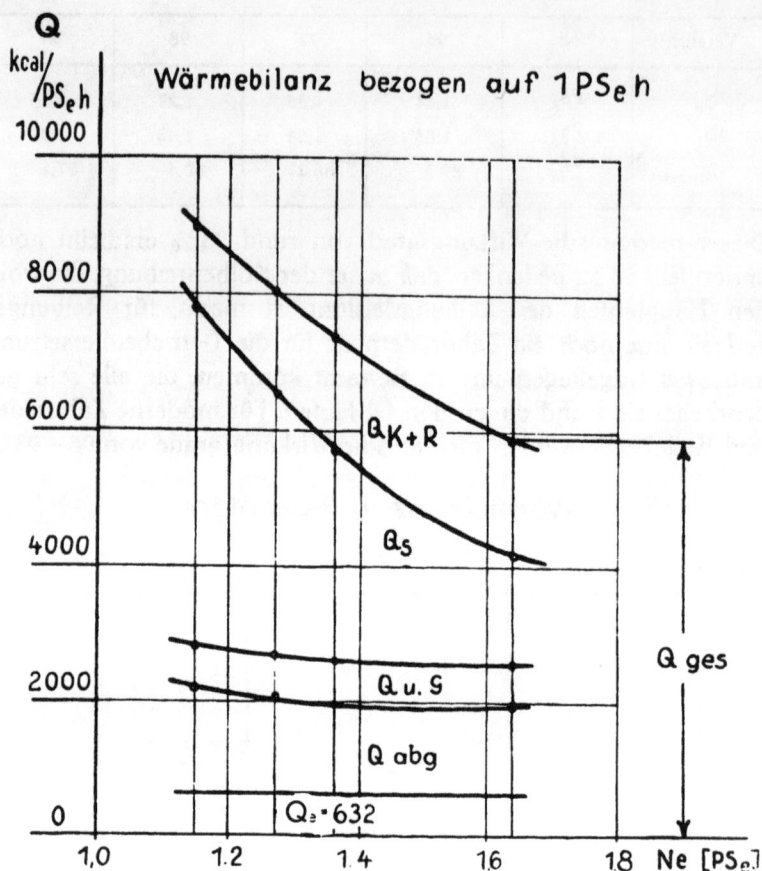

Q
kcal/PS$_e$h

Wärmebilanz bezogen auf 1 PS$_e$h

10 000

8000

6000
Q$_{K+R}$

4000
Q$_S$

2000
Q u. S

Q abg

Q ges

0   Q$_e$ · 632

1,0   1.2   1.4   16   18   Ne [PS$_e$]

Abbildung 13

erreicht, sodaß ein mechanischer Gesamtwirkungsgrad für diesen Motor von 88% erreichbar erscheint. Leider ist es bei Zweitaktmaschinen der vorliegenden Konstruktion nicht möglich, die Reibungsleistung einfach durch Antreiben mit Hilfe eines Elektromotors zu bestimmen, da auf diese Weise stets nur die Summe aus Reibungsleistung *und* Kompressorleistung der Kurbelkastenpumpe bestimmt wird.

Den besten Überblick über die Betriebsverhältnisse geben die Diagramme 12 und 13, in denen die Wärmebilanz in Prozenten der gesamten zugeführten Wärme und bezogen auf die effektive Pferdekraftstunde aufgezeichnet ist. Der nutzbare Anteil q$_e$ steigt mit der Leistung im untersuchten Bereich von 8 auf 11%, er erreicht im günstigsten Falle, d. h. ohne die lange Auspuffleitung, 13,5%[1]. Der

---

1) Dieser Wert stammt aus dem Versuch Nr. 43, Seite 66.

42

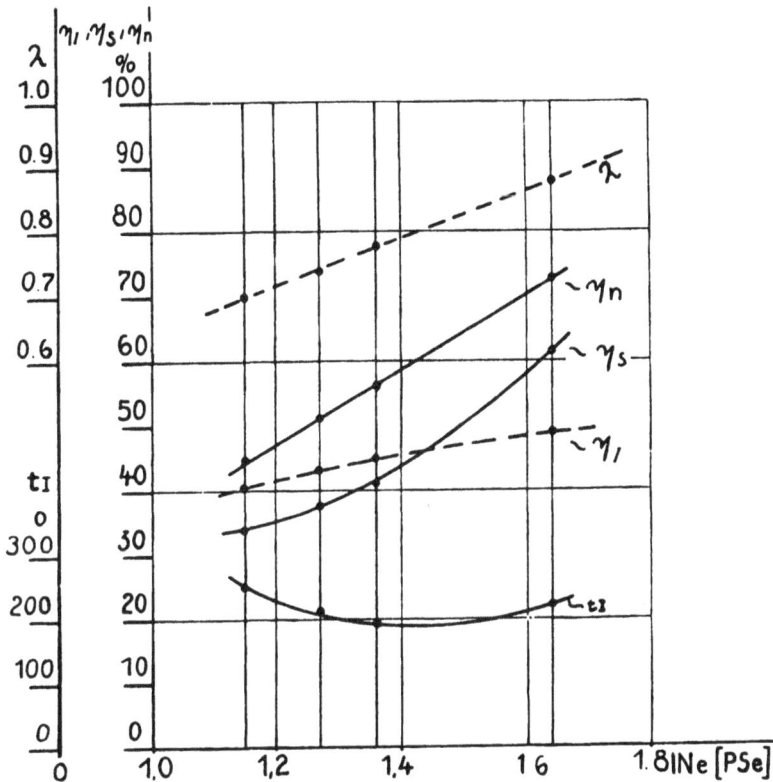

Abbildung 14

Abgasverlust steigt von 15% bei Halblast auf 25% bei Normallast, während der Verlust durch unvollkommene Verbrennung sich kaum merklich ändert und nur etwa 7—8% beträgt. Den Hauptanteil stellt der große Verlust durch die Spülung dar, der von Halb- bis Normallast zwischen 55 und 27% liegt. Für den Restanteil, der die Kühlung, Reibung, Strahlung und Leitung berücksichtigt, ergibt sich ein Ansteigen von 15 auf 30%, wovon der Reibungsanteil unter Zugrundelegung eines mechanischen Wirkungsgrades von 88% rund 1% ausmacht. Geeigneter für die Beurteilung der Betriebsverhältnisse ist die auf die $PS_e h$ bezogene Wärmebilanz im Diagramm 13. Hier ergibt sich, daß der Abgasverlust und der Verlust durch unverbrannte Gase für den untersuchten Bereich annähernd konstant sind, daß auch der Kühl- und Restanteil sich nur wenig ändert — er steigt allmählich an —, während der Spülverlust bei kleineren Leistungen außerordentlich hoch ist und mit steigender Belastung stark abnimmt, jedoch selbst für günstige Belastung noch immer recht groß ist.

43

Schließlich sei noch auf das Diagramm 14 eingegangen, dessen Aufzeichnung der Verfasser für besonders vorteilhaft hielt; es ist darin der Verlauf des Spülwirkungsgrades η_S, der Nutzbarkeit der Ladung η_n, und der mit diesen in Zusammenhang stehenden Größen des Lieferungsgrades η_l, des Luftüberschußkoeffizienten λ und der Temperatur im Zylinder nach dem Ausspülen und Laden t_l in Abhängigkeit von der Leistung dargestellt. Daraus ist zu erkennen, daß bei Halblast nur 34% des Zylinderinhaltes ausgespült werden und daß der Ausspülungsgrad steigt bis auf 62% bei Normallast, wodurch der Verdünnungsgrad der Ladung, die damit herabgesetzte Zündgeschwindigkeit und die daraus resultierende schleichende und schlechte Verbrennung am einfachsten gekennzeichnet werden. Der Verlauf von η_n zeigt, daß von der Gesamtladung im untersuchten Leistungsbereich im Zylinder als nutzbar nur 44—73% im günstigsten Falle verbleiben. Der Lieferungsgrad bezogen auf Luft steigt mit der Leistung von 40 auf 49%, seine Größe ist einmal abhängig vom Mischungsverhältnis, das mit steigender Leistung günstiger wird, anderenteils von der Temperatur im Zylinder während des Ladevorganges. Einen Anhalt für die Temperaturverhältnisse zu dem genannten Zeitpunkt gibt die Kurve der Temperatur t_l, die bei kleinen Leistungen höher liegt als bei größeren, da infolge der mangelhaften Ausspülung bei kleineren Leistungen der größere im Zylinder zurückbleibende heiße Gasrest die Temperatur heraufsetzt. Sie liegt im untersuchten Bereich zwischen 250 und 200° C, also ungünstig hoch.

Schlußbetrachtung

Unter Berücksichtigung aller aufgeführten Gesichtspunkte kann zusammenfassend folgendes gesagt werden:

Zur Vervollkommnung dieses Zweitaktverbrennungsmotors in thermischer Hinsicht kommt es fast ausschließlich

1, auf Beseitigung des hohen Spülverlustes,

2, auf Verbesserung des Spülwirkungsgrades, d. h. auf gründlichere Ausspülung des Zylinders an.

Beides ist bei langsamer laufenden und größeren Maschinen ohne weiteres zu erreichen und auch erreicht worden [1]). Die Mittel hierzu sind zwecks Vermeidung von Brennstoffverlusten Einspritzen desselben nach Abschluß aller Schlitze bezw. Steuerorgane und Arbeiten mit reiner Luftspülung in Richtung der Zylinderachse, also ohne Richtungsänderung in der Spülluftführung, bei möglichst reichlicher Luftbemessung und erhöhter Vorkompression. Kleine schnelllaufende Motoren jedoch scheiden wegen der verschwindend geringen Brennstoffmengen, die je Hub erforderlich sind, für solche konstruktive Verbesserungen aus. Es dürfte kaum möglich sein, eine Brennstoffpumpe für so kleine Mengen zu bauen. Hier bleibt zur Beseitigung der genannten Nachteile nur der Weg anderer Spülgemischführung; diese muß bei den schnellaufenden Kleinmotoren schon aus rein wirtschaftlichen Gründen in möglichst einfacher Weise angestrebt werden.

Was die Kleinmotoren anbelangt, sei hier noch folgende Bemerkung eingeflochten. Wegen der Einfachheit der Konstruktion und ihrer großen Betriebssicherheit[2]) sind Maschinen wie die vorliegende als Fahrzeugmotoren, für Motorräder z. B., sehr geeignet; der Mehrverbrauch an Brennstoff spielt dabei keine so große Rolle. Für den Gebrauch als Industriemotoren, also für stationären Dauerbetrieb, müssen sie jedoch wirtschaftlicher gestaltet werden, besonders wenn über den Kleinmotor von etwa 5 PS hinausgegangen werden soll.

---

[1]) Siehe Junkers-Doppelkolbenmotor, Zeitschrift d. V. D. I., 1925, Seite 1378 ff.

[2]) Der Versuchsmotor ist unter teilweise auch ungünstigen Verhältnissen auf dem Prüfstand die hohe Zahl von etwa 1000 Betriebsstunden ohne Anstände gelaufen.

Zahlentafel I

Bezeichnung	Symbol	Einheit	96	97	98	99
Barometerstand bei 15°	b_{15}	mmHg	735	758	760	759
Minutliche Umlaufzahl	n	min^{-1}	2460	2480	2440	2420
Effektive Leistung	N_e	PS$_e$	1,64	1,36	1,27	1,15
Stündlicher Brennstoffverbrauch	B	kg/h	0,040	0,980	0,988	1,000
Spezifischer Brennstoffverbrauch	B_e	kg/PSh	0,580	0,720	0,779	0,870
Spezifischer Wärmeverbrauch	W_e	kcal/PSh	5880	7400	8020	8940
Effektiver, thermischer Wirkungsgrad	η_{the}	%	10,8	8,52	7,9	7,06
Stündlicher Luftbedarf	$V_{Lges_{15}}$, L	ncbm/h	10,38 / 12,32	9,47 / 11,23	9,02 / 10,70	8,72 / 10,34
Luftüberschußzahl	λ		0,88	0,78	0,737	0,70
Lieferungsgrad	η_l	%	48,8	44,3	43,2	40,3
Unterdruck vor dem Vergaser	h_v'	mm W. S.	−50	−40	−31	−26
Unterdruck hinter dem Vergaser	h_v''	mm W. S.	−81	−105	−140	−200
Luft- bezw. Raumtemperatur	t_L	°	20	21	19	18
Gemischtemperatur vor dem Vergaser	t_v'	°	40,5	39	41	42
Gemischtemperatur hinter dem Vergaser	t_v''	°	39	37,5	40	41,2
Temperatur im Überströmkanal	t_r	°	116	110	106	107
Temperatur der Auspuffgase	t_{abg}	°	660	620	605	600
In den Zylinder je Hub eintretendes Luftvolumen	v_L	m³ · 10^{-6}	87,7	57,3	53,3	47,7
In den Zylinder je Hub eintretendes Brennstoffvolumen	v_B	m³ · 10^{-6}	1,83	1,35	1,33	1,24
Im Zylinder je Hub verbleibender Gasrest	v_R	m³ · 10^{-6}	55,07	85,75	89,97	95,96
Spülwirkungsgrad	η_s	%	62,0	40,6	37,8	33,7
Nutzbarkeit der Ladung	η_n	%	73	56	51	45
Spülverlust	$1-\eta_n$	%	27	44	49	55
Temperatur im Zylinder bei Kompressions-Beginn (I)	t_I	°	220	190	215	250

Zahlentafel II

Wärmebilanz

Versuch Nr.			bezogen auf die Stunde			
			96	97	98	99
Gesamte zugeführte Wärme	Q_{ges}	kcal/h	9670	10090	10180	10290
Nutzbar gemachte Wärme..	Q_e	„	1040	860	800	725
Abgaswärme	Q_{abg}	„	2200	1829	1820	1735
Verlust durch unverbrannte Gase....	Q_{uG}	„	950	705	715	675
Spülverlust	Q_S	„	2610	4450	4980	5640
Restwärme (Kühlung, Reibung, Strahlung)	Q_{K+R}	„	2870	2255	1865	1515

Versuch Nr.		bezogen auf die PS_e-Stunde			
		96	97	98	99
Gesamte zugeführte Wärme	kcal/PSh	5900	7420	8000	8950
Nutzbar gemachte Wärme..	„	632	632	632	632
Abgaswärme	„	1340	1340	1430	1510
Verlust durch unverbrannte Gase....	„	580	520	560	585
Spülverlust	„	1590	3270	3920	4900
Restwärme (Kühlung, Reibung, Strahlung)	„	1758	1658	1458	1323

Versuch Nr.			in Prozenten der Gesamtwärme			
			96	97	98	99
Nutzbar gemachte Wärme..	q_e	%	10,80	8,52	7,85	7,05
Abgaswärme	q_{abg}	%	22,80	18,10	17,90	16,85
Verlust durch unverbrannte Gase....	q_{uG}	%	9,80	7,00	7,00	6,55
Spülverlust	q_S	%	27,00	54,00	49,00	55,00
Restwärme (Kühlung, Reibung, Strahlung)	q_{K+R}	%	29,60	22,38	48,25	14,55

Zahlentafel III

Mittlere Analysen des trockenen Gases

für Kompressions-Beginn I, Expansions-Ende II, und Auspuff III

Versuch Nr.	Entnahme bei	O_2	CO_2	CO	C_mH_n	H_2	CH_4	N_2
					R. T. v. H.			
96	I	15,6	3,0	0,6	0,3	0,3	0,2	80
	II	6,4	8,2	1,7	0,3	0,9	0,3	82,2
	III	8,1	7,2	1,5	0,2	0,9	0,3	81,8
97	I	14,2	3,4	1,4	0,2	0,5	0,2	79,9
	II	9,6	5,9	2,4	0,2	0,9	0,4	80,6
	III	11,8	4,7	2,0	0,2	0,8	0,2	80,3
98	I	13,5	3,1	1,8	0,2	0,4	0,3	80,7
	II	9,0	5,1	3,3	0,2	0,9	0,4	81,1
	III	10,1	5,4 [1])	3,0	0,2	0,6	0,2	80,5
99	I	12,8	3,3	2,6	0,1	—	0,1	81,1
	II	8,5	5,1	4,5	0,2	0,1	0,3	81,3
	III	11,6	4,0	3,6	0.2	—	—	80,6

[1]) Nachbrennen

Zahlentafel IV

Mittlere Analysen des feuchten Gases

für Kompressions-Beginn I, Expansions-Ende II, und Auspuff III

Versuch Nr.	Entnahme bei	O_2	CO_2	CO	C_mH_n	H_2	CH_4	H_2O	N_2
					R. T. v. H.				
96	I	15,12	2,91	0,582	0,291	0,291	0,194	3,06	75,55
	II	5,88	7,53	1,56	0,276	0,827	0,276	8.05	75,6
	III	7,47	6,64	1,38	0,185	0,850	0,277	7,70	75,5
97	I	13,62	3,26	1,34	0,192	0,480	0,192	4,01	76,7
	II	8,95	5,51	2,24	0,187	0,840	0,373	6,65	75,2
	III	11,2	4,45	1,89	0,189	0,757	0,189	5,38	76,0
98	I	12,97	2,98	1,73	0,192	0,384	0,288	4,02	77,4
	II	8,38	4,75	3,07	0,186	0,838	0,373	6,73	75,5
	III	9,37	5,01	2,78	0,186	0,557	0,186	7,17	74,7
99	I	13,1	3,12	2,45	0,094	—	0,094	5,56	76,7
	II	7,76	4,66	4,12	0,183	0,091	0,274	8,58	74,3
	III	10,80	3,71	3,34	0,186	—	—	7,17	75.0

Zahlentafel V

Rechnungshilfsgrößen	Versuch Nr.		96	97	98	99
Auf 1 kg Luft entfallendes Brennstoffgewicht	x	kg/kg Luft	0,0763	0,0872	0,0923	0,0965
Raumanteil Brennstoff im Brennstoffluftgemisch ..	r_B		0,0203	0,0231	0,0244	0,0251
Raumanteil Luft im Brennstoffluftgemisch	r_L		0,8797	0,9769	0,9756	0,9749
Verhältnis: $\dfrac{\text{Frischluftvolumen im Zylinder}}{\text{Gasrest}}$ bei Kompressions-Beginn..........	v_L/v_R		1,600	0,668	0,581	0,495
.... $v_R/v_L =$	m		0,625	1,500	1,690	2,020
Verhältnis: $\dfrac{\text{Spülverlustvolumen}}{\text{Frischgemischvolumen im Zylinder}}$ bei Kompressions-Beginn......	v_S/v_Z		0,128	0,240	0,270[2]	0,314
Temperatur der Auspuffgase [1]	t_{abg}	°	660	620	605	600
Temperatur der Verbrennungsgase nach Expansion auf den Auspuffdruck [2]	t_Z	°	860	960	1025	1120
Gaskonstante der Verbrennungsgase	$R_Z = R_{II}$		27,6	28	28,2	27,7
Gaskonstante des Spülverlustes	R_S		27,8	26,7	26,7	26,6

Mittlere spezifische Wärme	$\left. c_{pabg} \right\|_0^{t_{abg}}$	kcal/kg°	0,258	0,254	0,264	0,261
	$\left. c_{pz} \right\|_0^{t_Z}$	kcal/kg°	0,253	0,255	0,256	0,258
	$\left. c_{ps} \right\|_0^{t_S} - \left. c_{pL} \right\|_0^{t_L}$	kcal/kg°	0,241	0,241	0,241	0,241
Gewicht der in den Zylinder eintretenden Ladung	G_Z	kg/h	9,66	6,82	5,97	5,12
Gewicht des durch Spülung verlorengehenden Gemisches	G_S	kg/h	3,34	5,39	5,72	6,22
Gerechneter Kontrollwert der Auspufftemperatur [1])	t_{abg} Kontr.	°	665	625	600	595
Volumen der feuchten Verbrennungsgase, bezogen auf 15° 1 at	$V_{f_{15}}$	ncbm/h	7,70	5,50	4,85	4,08
In den Zylinder je Hub eintretendes Luftvolumen, bezogen auf 15° 1 at	$V_{L_{15}}$	10^{-6} ncbm/Umdr.	70,3	63,7	61,7	57,7
Absolute Temperatur im Zylinder bei Kompressions-Beginn	T_I	°	495	465	490	525

[1]) Gute Übereinstimmung der gemessenen mit den gerechneten Kontrollwerten
[2]) Geschätzt, vergleiche Seite 30

ANHANG

Um den Motor im Betrieb kennen zu lernen, insbesondere im Vergleich zu einem etwa gleichgroßen und gleichen Verhältnissen entsprechenden Viertaktmotor sowie in Bezug auf den Einfluß des Mischungsverhältnisses wurden vor den hauptsächlich interessierenden Untersuchungen über die Ermittlung der Ausspülverluste die im Folgenden behandelten Versuche durchgeführt.

Bezeichnungen

Es werden bezeichnet:

Der Barometerstand bei $15°$ . . . . mit b_{15} mm Hg.

Die minutliche Umlaufzahl . . . . mit n min^{-1}

Die effektive Leistung . . . . mit N_e PS_e

Der stündliche Brennstoffverbrauch . . . . mit B kg/h

Der stündliche Wärmeverbrauch . . . . mit W kcal/h

Der Brennstoffverbrauch, bezogen a. d. $PS_e h$ . . mit B_e kg/PS_e h

Desgl. der Wärmeverbrauch . . . . mit W_e kcal/PS_e h

Der thermische Wirkungsgrad . . . . mit η_{the} %

Der stündliche Luftverbrauch, bezogen a. $15°$ l at mit v_{15} ncbm/h

Die chemisch notwendige Luftmenge . . . . mit v_{min} „

Das Luftgewicht . . . . mit L kg/h

Die Luftüberschußzahl . . . . mit λ

Der Lieferungsgrad, bezogen auf Luft in Ncbm mit η_l %

Der Unterdruck in der Ansaugleitung vor dem
Vergaser . . . . mit h_v' mm W. S.

Desgleichen hinter dem Vergaser . . . . mit h_v'' „

Die mittlere Temperatur der Luft in der Luftuhr mit t_L °

Die Temperatur in der Ansaugleitung vor dem
Vergaser . . . . mit t_v' °

Desgleichen hinter dem Vergaser . . . . mit t_v'' °

Die mittlere Temperatur im Aufnehmer bezw.
Überströmkanal . . . . mit t_r °

Die Auspufftemperatur . . . . mit t_{abg} °
Der Gehalt an Kohlendioxyd in den Auspuff-
gasen . . . . mit CO_2 R. T. v. H.
Der Gehalt an schweren Kohlenwasserstoffen . mit C_mH_n „
Der Gehalt an Sauerstoff . . . . mit O_2 „

Die Konstruktionsdaten der untersuchten Motoren sind folgende:
Für den in diesem Teil der Arbeit mit untersuchten 4-Takt-Hilfs-
motor der Opelwerke in Rüsselsheim am Main gelten:
Zylinderdurchmesser $\qquad d = 56$ mm
Hub $\qquad\qquad\qquad\quad s = 56,5$ mm
Hubraum $\qquad\qquad\quad V_H = 139$ cm³
Inhalt des
Verdichtungsraumes $\quad V_K = 62$ cm³

Verdichtungsgrad $\varepsilon = 3,30$ Getriebeübersetzung $= \dfrac{n \text{ Getriebe}}{n \text{ Motor}} = \dfrac{1}{4}$;
der Verdichtungsgrad ergibt sich aus der Formel

$$\varepsilon = \frac{V_H + V_K}{V_K} = \frac{135 + 62}{62} = 3,30.$$

Die Ermittlung des Zylinderdurchmessers geschah durch Stichmaß,
der Inhalt des Verdichtungsraumes wurde als Mittel aus fünf Öl-
füllungen gefunden.

Für den Zweitaktmotor (DKW) der Zschopauer Motorenwerke
J. S. Rasmussen, A.-G., gelten:
Zylinderdurchmesser $\qquad d = 55$ mm
Hub $\qquad\qquad\qquad\quad s = 60$ mm
Hubraum $\qquad\qquad\quad V_H = 143$ cm³
Inhalt des
Verdichtungsraumes $\quad V_K = 35$ cm³

Verdichtungsgrad $\varepsilon = 4,13$ Getriebeübersetzung $= \dfrac{n \text{ Getriebe}}{n \text{ Motor}} = \dfrac{1}{3}$.

Die Ermittlung dieser Werte geschah hier in derselben Weise
wie bei dem Opelmotor, nur für die Ermittlung des Verdichtungsgrades ist bei diesem Motor auf Grund der Konstruktion folgendes
zu bemerken:

Da der Auslaßschlitz (siehe Abbildung 1) nach dem inneren
Totpunkt schließt, wodurch vom Hub ein Teil $\xi_1 = 14/60 = 0{,}2333$
wegfällt, wird das vom Kolben freigelegte Hubvolumen um den
Betrag $\xi_1 \cdot V_H$ kleiner, es gilt also $V_H (1 - \xi_1) = V_{H \text{ frei}}$ daraus ergibt sich für den Verdichtungsgrad

$$\varepsilon = \frac{V_H (1 - \xi_1) + V_K}{V_K} = \frac{143 (1 - 0{,}2333) + 35}{35} = 4{,}13$$

und das Zylindervolumen bei Verdichtungsbeginn wird

$$v_I = V_H (1 - \xi_1) + V_K = 144{,}6 \ cm^3.$$

Für die Bestimmung des Verdichtungsgrades der Kurbelkasten-pumpe gilt folgendes:

Da der Gemisch-Ansaugeschlitz 13 mm nach dem äußeren Totpunkt schließt, fällt vom Verdichtungsgrad vom Ansaugevolumen im Kurbelkasten weg $\xi_2 \cdot V_H$; ($\xi_2 = 13/60 = 0{,}2165$). Damit wird das Ansaugevolumen $V_H - \xi_2 \cdot V_H + V_{KP}$, wobei V_{KP} das Volumen des Kurbelkastens und Überströmkanals durch genaues Ausmessen und mehrfache Ölfüllung zu 483 cm³ bestimmt wurde. Da ferner der Einlaßschlitz (Überströmkanal — Zylinder) sich 10 mm vor dem inneren Totpunkt öffnet, vergrößert sich das Verdichtungsvolumen um den Betrag $\xi_3 \cdot V_H$, wobei $\xi_3 = 10/60 = 0{,}1667$ beträgt; damit ergibt sich der Verdichtungsgrad für die Kurbelkastenpumpe zu

$$\varepsilon_{KP} = \frac{V_H (1 - \xi_2) + V_{KP}}{V_H \cdot \xi_3 + V_{KP}} = \frac{143 (1 - 0{,}2165) + 483}{143 \cdot 0{,}1667 + 483} = 1{,}18.$$

Vergleichsversuche

an einem 2- und 4-Taktmotor von gleichgroßem Hubraum

Durchführung und Versuchsergebnisse

In diesem Teil der Arbeit ist ein Vergleich zwischen einem 4- und einem 2-Taktmotor von fast gleichgroßen Zylinder-Abmessungen durchgeführt worden. Zu diesem Zwecke wurden die Versuche 1 bis 22 für den DKW-Motor, die Versuche 23 bis 42 für den Opel-motor durchgeführt (Zahlentafel VI), und zwar so, daß stets für eine bestimmte Drehzahl eine Reihe von Versuchen bei verschiedener Belastung gemacht wurden. Der Drehzahlbereich, in dem die beiden Motoren betrieben werden konnten, liegt zwischen den Drehzahlen 1600 und 2900 Umdrehungen pro Minute. Die wichtigsten Größen, die für diese Vergleichsversuche nötig sind, sind die effektive Leistung und der spezifische Wärmeverbrauch, bezw. der thermische Wirkungs-grad. Die effektive Leistung berechnet sich zu

$$N_e = \frac{M_{de} \cdot n}{716} \ PS_e$$

der spezifische Wärmeverbrauch zu

$$W_e = \frac{B \cdot h_u}{N_e} \ kcal/PS_e \ h$$

der thermische Wirkungsgrad zu

$$\eta_{the} = \frac{N_e \cdot 632}{B \cdot h_u} \cdot 100\%$$

Die Ergebnisse der Versuche 1 bis 42 sind zunächst in Hilfsdiagrammen aufgezeichnet worden, und zwar für eine jeweils konstante mittlere Drehzahl in Abhängigkeit von der Leistung. Aus diesen Diagrammen wurden die zu dem jeweils gültigen η_{opt}-Wert zugehörigen Werte von N_e und W_e entnommen und im Diagramm 15 zugleich mit dem mittleren effektiven Kolbendruck über der Drehzahl aufgetragen. Aus diesem Diagramm wurden die N_e- und W_e-Werte für die runden Drehzahlen 1800, 2050, 2300, 2550, 2800 entnommen und mit den zugehörigen Werten von η_{the} und p_e in der Zahlentafel VII zusammengestellt. Der mittlere effektive Druck errechnet sich aus der Formel

$$p_e = \frac{N_e \cdot 60 \cdot 75 \cdot (2)}{F \cdot s \cdot n}$$

in welcher die 2 im Zähler nur für 4-Takt gilt. Nach Einsetzen der Konstanten ergibt sich damit für den Opelmotor

$$p_e = 6475 \cdot \frac{N_e}{n} \text{ at,}$$

für den DKW-Motor

$$p_e = 3145 \cdot \frac{N_e}{n} \text{ at.}$$

Aus dem Diagramm 15 ist zu erkennen, daß die mittleren effektiven Drücke für beide Motoren bei den gleichen Drehzahlen nur wenig verschieden sind und etwas über 2 at liegen, während die effektive Leistung des 2-Taktmotors gegenüber dem 4-Taktmotor über den ganzen Drehzahlbereich hinweg um 130 bis 145% größer ist und der spezifische Wärmeverbrauch des 2-Taktmotors gegenüber dem 4-Taktmotor bei der niedrigsten Drehzahl (1800) etwa 75% höher liegt, um mit steigender Drehzahl geringer zu werden gegenüber dem 4-Taktmotor, bei dem der spezifische Wärmeverbrauch steigt, sodaß schließlich bei der höchsten Drehzahl (2800) der spezifische Wärmeverbrauch für beide etwa gleich wird.

Dieser Vergleich wird am besten deutlich gemacht, wenn man das Verhältnis der effektiven Leistungen, beziehungsweise der spezifischen Wärmeverbräuche aufträgt über der Drehzahl (vergleiche Abbildung 16), d. h. man erhält mit dem ersten Verhältnis einen Vergleich bezogen auf den Zylinderinhalt, mit dem zweiten einen Vergleich bezogen auf die thermischen Eigenschaften. Einen Vergleichs-

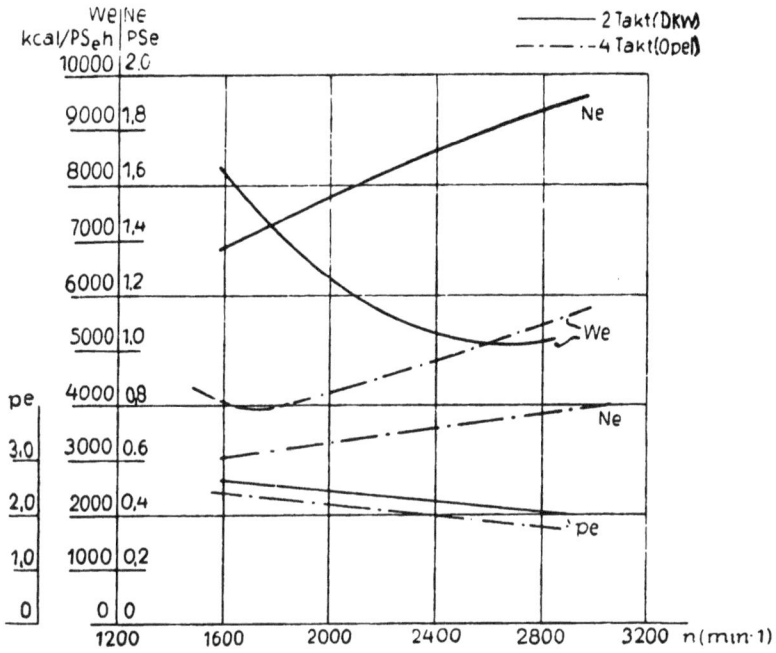

Abbildung 15

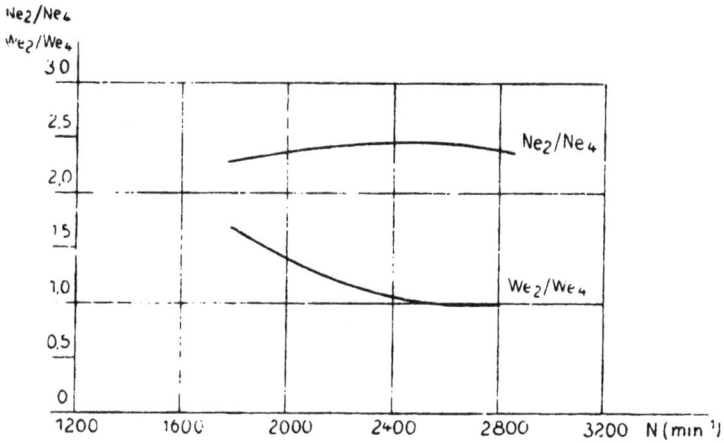

Abbildung 16

wert, der beides berücksichtigt, erhält man schließlich mit dem Quotienten dieser beiden Verhältnisse (Leistungsverhältnis/Wärmeverbrauchsverhältnis), der bei 1800 Umdrehungen den Wert 1,33, bei 2050 Umdrehungen den Wert 1,78, bei 2300 Umdrehungen den Wert 2,13, bei 2550 Umdrehungen den Wert 2,45, und bei 2800 Umdrehungen den Wert 2,41 annimmt; das bedeutet, daß bei gleichem spezifischen Wärmeverbrauch die Leistungsfähigkeit des 2-Taktmotors gegenüber dem gleichgroßen 4-Taktmotor im unteren Drehzahlbereich etwa 30%, im mittleren etwa 110%, im oberen Drehzahlbereich etwa 140% größer ist, was für den ganzen Drehzahlbereich eine mittlere Mehrleistungsfähigkeit von rund 100% für den 2-Taktmotor ergibt. Bei der Beurteilung dieser Größen ist allerdings folgendes zu beachten: Die konstruktive Ausführung eines 4-Taktmotors von so kleinen Abmessungen, wie es hier der Fall ist, darf nicht einfach die Verkleinerung eines größeren Motors sein; die Anordnung der Ventile in einem besonderen Ventilkasten bedingt bei so kleinen Abmessungen des Zylinders eine beträchtliche Vergrößerung des schädlichen Raumes, damit eine Verkleinerung des Kompressionsgrades und eine Verschlechterung der Verbrennung, was ja auch durch den für einen 4-Taktmotor niedrigen thermischen Wirkungsgrad von im günstigsten Falle 15% belegt ist, desgleichen durch den niedrigen mittleren effektiven Druck. Demgegenüber erreicht der 2-Taktmotor hier einen günstigsten Wirkungsgrad von 13%, was unter Berücksichtigung der Tatsache, daß wir es hier mit Gemischspülung zu tun haben, als nicht ungünstig zu betrachten ist. — Derselbe Vergleich, durchgeführt an einem modernen 4-Taktmotor mit in den Zylinderkopf eingebauten Ventilen und einem 2-Taktmotor von der gleichen Ausführung wie der vorliegende, beide jedoch von größeren Abmessungen (etwa 4 PS entsprechend), dürfte gewiß günstiger für den 4-Taktmotor ausfallen: Auf der einen Seite wird die Verbesserung in thermischer Hinsicht, auf der anderen Seite der stärkere Einfluß des Ausspülverlustes den Vergleichswert herabsetzen. Auf die den Wärmeverbrauch des 2-Taktmotors mit Gemischspülung am stärksten beinflussende Größe, den Spülwirkungsgrad und den Spülverlust, beziehen sich die Untersuchungen im Hauptteil dieser Arbeit.

Zahlentafel VI — DKW-Motor

Versuch Nr.		1	2	3	4	5	6	7
n	min^{-1}	1800	1812	1860	1872	2210	2240	2230
N_e	PS_e	0,588	0,943	1,284	1,672	0,483	0,902	1,065
B	kg/h	0,643	0,641	0,836	1,106	0,630	0,648	0,664
W	$kcal/h$	6820	6790	8860	11720	6670	6870	7030
B_e	kg/PS_eh	1,093	0,679	0,652	0,661	1,305	0,720	0,623
W_e	$kcal/PS_eh$	11600	7200	6910	7010	13830	7630	6610
η/the	$\%$	5,45	8,76	9,14	9,02	4,57	8,27	9,54
t_{abg}	$°$	585	605	590	555	640	695	690
CO_2	R. T. v. H.	6,1	7,8	6,0	6,0	7,3	7,7	7,8
C_mH_n	"	0,4	0,2	0,2	0,2	0,4	0,3	0,3
O_2	"	3,9	3,1	3,9	5,8	2,9	2,0	2,3
$h_v{}'$	mm W. S.	8	9	15	26	8	11	13
$h_v{}''$	"	230	220	185	115	250	230	220

Versuch Nr.		8	9	10	11	12	13	14
n	min^{-1}	2320	2380	2610	2630	2630	2620	2620
N_e	PS_e	1,504	1,872	0,213	0,881	1,283	1,560	1,835
B	kg/h	0,808	0,961	0,466	0,547	0,617	0,720	0,828
W	$kcal/h$	8560	1,018	4920	5790	6530	7630	8780
B_e	kg/PS_eh	0,537	0,513	2,18	0,621	0,481	0,462	0,455
W_e	$kcal/PS_eh$	5690	5440	23100	6580	5090	4900	4780
η/the	$\%$	11,10	11,60	2,74	9,60	12,4	12,91	13,2
t_{abg}	$°$	655	630	460	690	720	700	670
CO_2	R. T. v. H.	7,2	7,3	8,2	9,9	10,4	9,9	8,5
C_mH_n	"	0,2	0,2	0,2	0,1	0,1	0,1	0,2
O_2	"	3,3	5,2	4,8	2,2	2,8	2,6	3,4
$h_v{}'$	mm W. S.	17	30	1	4	6	10	12
$h_v{}''$	"	180	100	325	280	235	210	170

Versuch Nr.		15	16	17	18	19	20	21	22
n	min^{-1}	2620	2610	2950	2990	2970	2920	3000	2930
N_e	PS_e	2,00	2,025	0,647	0,965	1,231	1,512	1,680	1,79
B	kg/h	0,900	1,067	0,728	0,833	0,845	0,945	0,982	0,979
W	$kcal/h$	9530	11300	7710	8820	8940	10000	10400	10370
B_e	kg/PS_eh	0,450	0,527	1,127	0,863	0,686	0,623	0,583	0,547
W_e	$kcal/PS_eh$	4770	5580	11960	9150	7270	6610	6190	5800
η/the	$\%$	13,23	11,33	5,28	6,89	8,69	9,53	10,20	10,92
t_{abg}	$°$	630	670	750	750	750	760	805	770
CO_2	R. T. v. H.	8,7	8,5	8,0	8,3	7,2	8,5	8,6	8,7
C_mH_n	"	0,1	0,2	0,3	0,2	0,2	0,2	0,2	0,2
O_2	"	4,6	4,4	2,7	2,3	2,8	2,8	2,6	3,0
$h_v{}'$	mm W. S.	16	36	13	14	22	26	27	33
$h_v{}''$	"	135	65	220	180	145	120	110	54

Versuch Nr.		23	24	25	26	27	28
n	min^{-1}	1670	1660	1630	1615	1630	1620
N_e	PS_e	0,274	0,402	0,486	0,613	0,677	0,685
B	kg/h	0,112	0,159	0,181	0,213	0,231	0,256
W	$kcal/h$	1190	1685	1920	2260	2450	2710
B_e	kg/PS_eh	0,408	0,396	0,373	0,348	0,342	0,374
W_e	$kcal/PS_e$	4330	4200	3950	3690	3630	3960
η_{the}	%	14,58	15,03	15,93	17,20	17,44	15,97
t_{abg}	°	455	515	545	600	565	550
CO_2	R. T. v. H.	9,0	9,3	10,2	9,5	10,0	9,9
C_mH_n	„	0,05	-	-	-	-	0,05
O_2	„	2,2	3,8	2,6	3,0	3,8	3,0
h_v'	mm W. S.	1	2	4	4	5	4
h_v''	„	-	-	605	380	195	70

Versuch Nr.		29	30	31	32	33	34	35
n	min^{-1}	1690	1700	1725	1700	2115	2115	2100
N_e	PS_e	0,408	0,546	0,621	0,704	0,177	0,286	0,472
B	kg/h	0,164	0,222	0,247	0,301	0,166	0,194	0,223
W	$kcal/h$	1740	2350	2610	3190	1780	2050	2365
B_e	kg/PS_eh	0,402	0,407	0,398	0,427	0,947	0,678	0,471
W_e	$kcal/PS_eh$	4270	4320	4220	4530	10100	7190	5000
η_{fhe}	%	14,87	14,69	15,00	13,92	6,27	8,80	12,52
t_{abg}	°	545	625	610	585	595	605	635
CO_2	R. T. v. H.	10,3	10,4	10,2	9,9	8,7	9,5	9,3
C_mH_n	„	-	-	-	-	-	-	-
O_2	„	3,7	3,1	3,4	3,8	3,6	4,1	5,8
h_v'	mm W. S.	2	2	2,5	3	1	2	3
h_v''	„	710	600	510	430	-	925	430

Versuch Nr.		36	37	38	39	40	41	42
n	min^{-1}	2100	2120	2860	2860	2830	2820	2820
N_e	PS_e	0,696	0,772	0,436	0,639	0,784	0,851	0,877
B	kg/h	0,305	0,384	0,330	0,368	0,392	0,443	0,502
W	$kcal/h$	3230	4070	3510	3900	4150	4700	5320
B_e	kg/PS_eh	0,437	0,497	0,758	0,576	0,500	0,522	0,573
W_e	$kcal/PS_eh$	4630	5270	8030	6100	5300	5520	6080
η_{the}	%	13,64	12,02	7,83	10,37	11,92	11,47	10,42
t_{abg}	°	590	595	605	695	740	695	650
CO_2	R. T. v. H.	8,7	9,0	8,5	5,3	6,2	5,7	6,3
C_mH_n	„	-	0,05	-	0,05	-	0,05	0,05
O_2	„	4,3	2,0	3,5	3,0	1,9	2,1	2,7
h_v'	mm W. S.	5	6	2	5	6	5	6
h''	„	325	275	395	275	220	185	165

Zahlentafel VII

DKW-2-Takt

Versuch Nr.		1	2	3	4	5
n	min^{-1}	1800	2050	2300	2550	2800
N_e	PS_e	1,47	1,60	1,68	1,78	1,86
W_e	$kcal/PS_eh$	7200	6150	5400	5100	5200
η_{the}	%	8,6	10,6	12,2	12,95	12,8
P_e	at	2,54	2,40	2,30	2,18	2,06

Opel-4-Takt

N_e	PS_e	0,64	0,67	0,70	0,74	0,78
W_e	$kcal/PS_eh$	4200	4600	4800	5050	5250
η_{the}	%	15,0	14,2	13,6	12,7	11,8
P_e	at	2,30	2,15	2,04	1,90	1,80

Vergleichswerte

W_{e_2}/W_{e_4}	-:-	1,72	1,34	1,13	1,01	0,99
N_{e_2}/N_{e_4}	-:-	2,29	2,39	2,41	2,47	2,39

Einfluß des Mischungsverhältnisses

an einem schnellaufenden 2-Takt-Motor mit Gemischspülung

Durchführung und Versuchsergebnisse

Nachdem Untersuchungen in dieser Richtung an einem 4-Takt-motor älterer Konstruktion (De Dion-Bouton) und einem 2-Takt-Motor (Ferro-Bootsmotor), für jenen in einem Drehzahlbereich von 1100—1350 von Neumann im Jahre 1908 (Dissertation Neumann), für diesen in einem Drehzahlbereich von 650—850 im Jahre 1912 von Scheit und Bobeth (vergleiche hierzu V.D.I.1912, Nr.22, S.862 ff.) durchgeführt, vorliegen, hielt es der Verfasser für angebracht, gleiche Untersuchungen an einem modernen schnellaufenden 2-Takt-Motor wie es der DKW-Motor der Zschopauer Motorenwerke ist, durchzuführen. Zu diesem Zwecke sind die Versuche 43—95 (Zahlentafel VIII) vorgenommen worden, und zwar für einen Leistungsbereich von Halblast bis Vollast in vier Stufen, wobei innerhalb jeder Stufe für die einzelnen Versuchsreihen die Umlaufzahl geändert wurde. Die Zündung war für alle Versuche konstant, sie war nicht verstellbar, da der Unterbrecher durch einen auf der Getriebewelle befindlichen Nocken betätigt wurde; sie liegt 7 mm vor dem äußeren

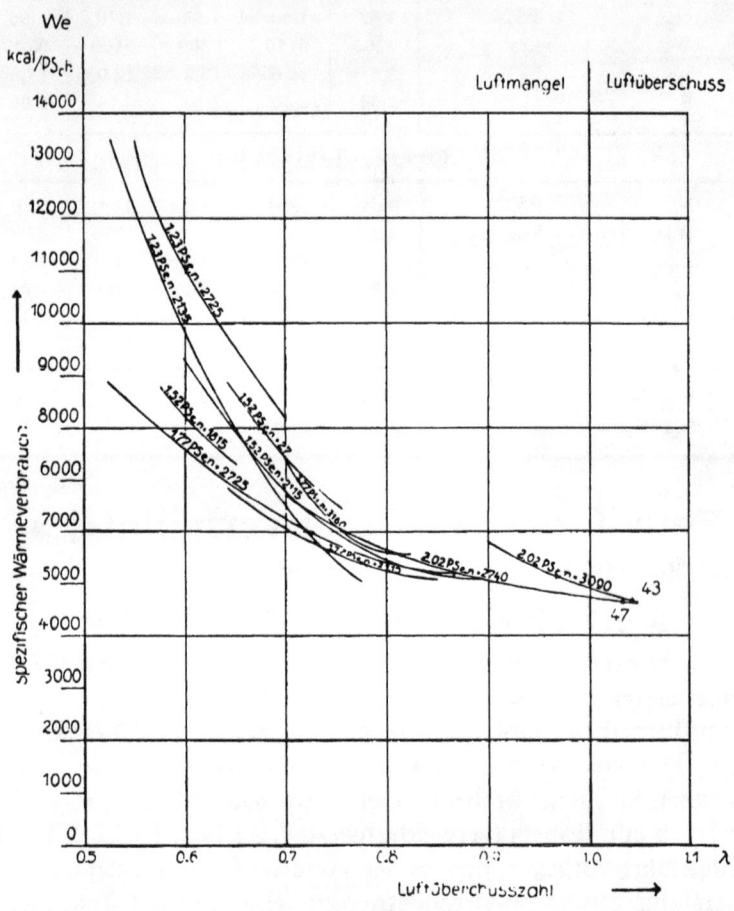

Abbildung 17

Totpunkt. Bei der Durchführung dieser Versuche wurde folgendermaßen verfahren: Die gewünschte effektive Leistung für eine bestimmte Umlaufzahl wurde erhalten durch entsprechende Einstellung der Drosselklappe, also durch Drosselung des Gemisches, während die Einstellung des gewünschten Mischungsverhältnisses durch gleichzeitige Verstellung der Brennstoffdüse erreicht wurde. In 4 Hilfsdiagrammen wurde nun zunächst der Wärmeverbrauch für 1 PS_eh und der Lieferungsgrad η_l bezogen auf Luft in Abhängigkeit vom Luftüberschußkoeffizienten λ, gleichbedeutend mit dem Mischungsverhältnis, aufgetragen. Die Hilfsdiagramme sind zusammengefaßt in einem Diagramm 17. Aus diesem Diagramm ist zu erkennen, daß jeder Leistung eine bestimmte günstigste Drehzahl zugeordnet ist, andererseits der Einfluß der Drehzahl verhältnismäßig gering ist. Je kleiner die Leistung, umso niedriger liegt die günstigste Drehzahl (Abbildung 17). — Der Wärmeverbrauch ist für Höchstleistung (2,02 PS_e) am geringsten bei einer Drehzahl von 2740 min^{-1} und einem Luftüberschuß λ von $\cong 1,0$, er beträgt 4750 kcal/PS_eh, entsprechend einem spezifischen Brennstoffverbrauch von B_e = 0,46 kg/PS_eh. Für Normalleistung (1,78 PS_e) ist die günstigste Drehzahl 2725 min^{-1} bei einem Arbeitsbereich zwischen einem Luftüberschuß λ von 0,5 bis $\cong 0,9$: zu $^3/_4$Belastung gehört die günstigste Drehzahl 2115 zwischen λ = 0,6 bis 0,9, zu Halblast eine günstigste Drehzahl von etwa 2000 zwischen λ = 0,5 bis 0,77.

Zusammenfassend ist aus diesem Kurvenverlauf We/λ zu erkennen, daß die günstigste Drehzahl etwa bei 2700 min^{-1} liegt und daß selbst der Betrieb mit dieser Drehzahl bei kleineren Leistungen keinen allzugroßen Mehrverbrauch an Brennstoff ergibt; das Mischungsverhältnis für einen Leistungsbereich von Halb- bis Vollast und für einen Drehzahlbereich von 2100 bis 2800 liegt zwischen den Werten 0,8 und 1 des Luftüberschußkoeffizienten, Werte, die den höchsten Zündgeschwindigkeiten von Benzindampf-Luftgemischen (2,3—1,7 msec^{-1}) entsprechen (vergleiche hierzu Neumann, Dissertation 1908, Seite 50).

Die Ergebnisse zeigen, daß für diesen Motor der günstigste Betrieb und der geringste Wärmeverbrauch etwa im Bereich von 5% Luftmangel bis 5% Luftüberschuß, also bei Zuführung der chemisch notwendigen Luftmenge liegt (λ = 1).

Einen guten Einblick in die Betriebsverhältnisse gewähren die Diagramme 18 und 19, in denen die günstigsten Werte von η_{the} und η_l aus den einzelnen Versuchsreihen in Abhängigkeit von der Drehzahl bezw. der Leistung aufgetragen sind. Das Diagramm

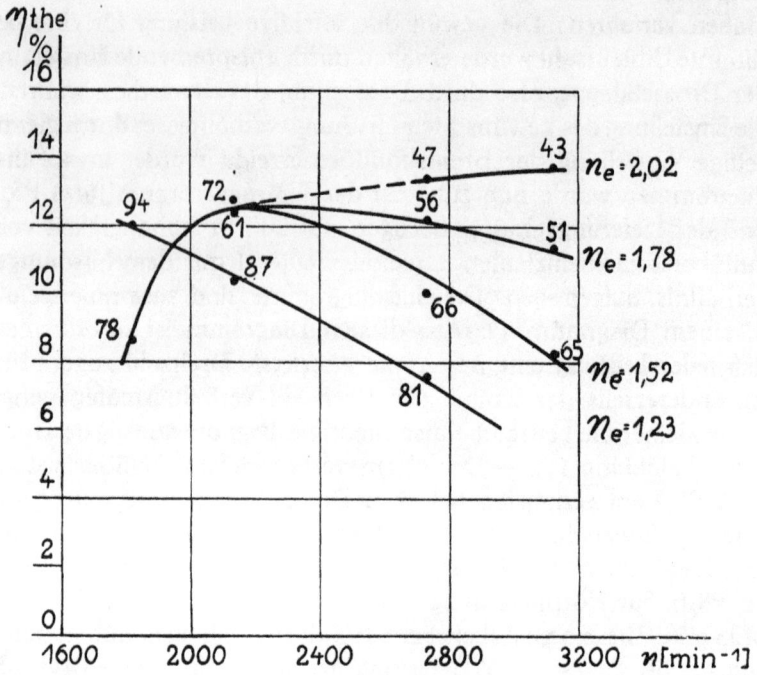

Abbildung 18

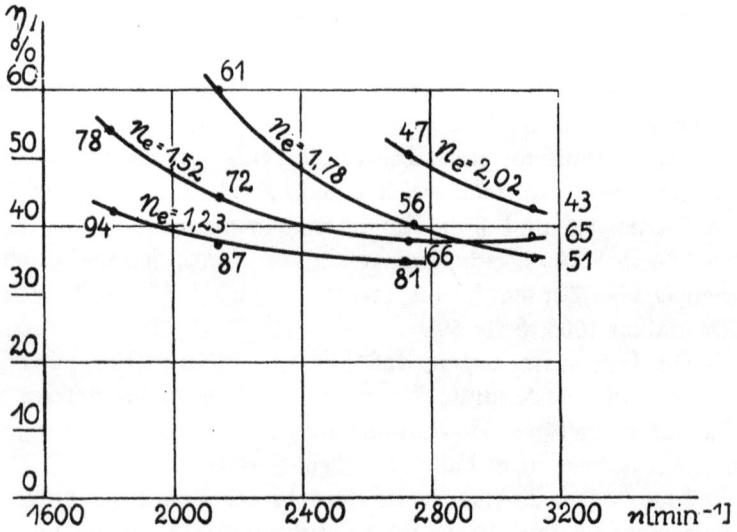

Abbildung 19

64

Nr. 18 läßt erkennen, daß der günstigste Betrieb etwa bei einer Leistung von 1,8 bis 1,9 PS_e und zwischen den Drehzahlen 2200 bis 2700 min^{-1} liegt. Der thermische Wirkungsgrad erreicht hier annähernd den Wert von 13%. Für $^3/_4$-Last wird der günstigste Wirkungsgrad etwa 12,5% bei einer Drehzahl von 2200 min^{-1}, für Halblast etwa 12% bei 1800 Umdrehungen.

Der Lieferungsgrad η_l, bezogen auf Luft, (vergleiche hierzu Diagramm 19) fällt, wie zu erwarten war, mit steigender Drehzahl und steigt mit der Leistung; bei letzterem ist dafür mit maßgebend der Einfluß des Mischungsverhältnisses, das ja bei größeren Leistungen günstiger wird, d. h. der Luftanteil im Gemisch wird größer. Auf den stärkeren Einfluß der Temperatur bei Kompressionsbeginn, also nach Beendigung des Ladevorganges, ist bereits im Hauptteil, Seite 44, eingegangen worden. — Die Kurven verlaufen in guter Übereinstimmung mit den η_{the}-Kurven, denn auch hier ist zu erkennen, daß der günstigste Betrieb, also günstigster Lieferungsgrad für Halblast bei 1800, für $^3/_4$-Last bei 2200 und für Normallast zwischen den Drehzahlen 2200 und 2700 liegt. Für die günstigsten Betriebsverhältnisse ergibt sich im Leistungsbereich von Halb- bis Vollast ein Lieferungsgrad von 42 bis 48%, was für einen schnelllaufenden Zweitaktmotor dieser Konstruktion als nicht ungünstig zu betrachten ist.

		n = 3090. Ne = 2,02				n 2740. Ne = 2,02			
Versuch Nr.		43	44	45	46	47	48	49	50
b_{15}	mmHg	749	749	749	749	749	749	749	749
B	kg/h	0,901	1,035	1,082	1,21	0,927	1,109	1,244	1,358
B_e	kg/PS_eh	0,448	0,515	0,539	0,602	0,457	0,546	0,613	0,668
W_e	kcal/PS_eh	4620	5300	5540	6180	4690	5610	6310	6870
$\eta$the	%	13,7	12,9	11,42	10,21	13,42	11,23	10,02	9,18
V_{15}	ncbm/h	11,7	12,19	12,02	11,39	11,94	11,25	11,28	11,61
V_{min}	„	11,21	12,9	13,48	15,06	11,52	13,8	15,5	16,9
λ		1,043	0,945	0,906	0,895	1,036	0,816	0,728	0,692
ηl	%	44,1	46,0	45,4	43,0	50,8	47,8	47,8	49,7
$h_v{}'$	mm W.S.	55	46	45	47	54	48	49	52
$h_v{}''$	„	93	120	132	115	93	132	116	103
$t_v{}'$	o	42,5	44	45,2	45,2	46	44,4	41,5	42,4
$t_v{}''$	„	41	41,1	44,1	41,2	42,4	40,5	39,5	38,5
t_r	„	126	130	124	120	122	120	117	114
t_{abg}	„	785	755	745	710	675	665	650	645
CO_2	R. T. v. H.	8,8	8,6	8,0	6,2	6,2	5,3	4,0	2,9
C_mH_n	„	—	—	—	0,1	—	—	0,2	0,2
O_2	„	4,7	4,2	4,7	3,4	8,6	10,6	13,0	12,7

		n = 2115. Ne = 1,79				n = 3125 Ne = 1,53	n = 2725 Ne = 1,52	
Versuch Nr.		61	62	63	64	65	66	67
b_{15}	mmHg	762	762	762	762	749	749	749
B	kg/h	0,883	0,927	1,065	1,172	1,138	0,935	1,118
B_e	kg/PS_eh	0,493	0,543	0,595	0,655	0,755	0,615	0,735
W_e	kcal/PS_eh	5070	5580	6120	6730	7650	6330	7560
$\eta$the	%	12,43	11,28	10,29	9,36	8,24	9,98	8,34
V_{15}	ncbm/h	9,16	9,43	9,47	9,67	10,52	8,83	9,84
V_{min}	„	11,0	12,1	13,28	14,6	14,18	11,63	13,92
λ		0,833	0,778	0,713	0,662	0.742	0,758	0,706
ηl	%	50,6	52,1	52,3	53,3	39,2	37,7	42,1
$h_v{}'$	mm W.S.	38	41	41	41	42	29	35
$h_v{}''$	„	154	838	134	131	200	240	176
$t_v{}'$	o	38,5	38,5	40	38	39	41,5	39
$t_v{}''$	„	37,5	39	38,5	36,5	40,5	41,6	37,5
t_r	„	108	104	102	98	131	130	121
t_{abg}	„	560	595	560	565	730	695	670
CO_2	R. T. v. H.	4,5	4,2	3,8	3,6	7,0	3,8	3,0
C_mH_n	„	0,2	0,2	0,2	0,2	—	—	0,2
O_2	„	11,6	12,2	13,0	12,9	5,1	12,9	12,6

tafel VIII

	n = 3150. Ne = 1,78				n = 2725. Ne = 1,770				
51	52	53	54	55	56	57	58	59	60
762	762	762	762	762	758	758	758	758	758
0,962	0,969	1,092	1,10	1,221	0,885	0,977	1,124	1,29	1,503
0,540	0,544	0,613	0,618	0,686	0,502	0,553	0,637	0,732	0,852
5560	5600	6310	6370	7050	5150	5680	6540	7520	8750
11,36	11,27	11,02	9,95	8,95	12,23	11,09	9,63	8,40	7,20
9,90	9,62	10,16	10,09	10,73	9,45	9,35	9,62	10,10	10,05
11,99	12,07	13,60	13,70	15,21	11,02	12,16	14,0	16,07	18,72
0,825	0,798	0,747	0,736	0,706	0,857	0,770	0,687	0,632	0,536
36,7	35,5	37,2	37,3	39,7	40,5	40	41,4	43,5	43
35	34	36	37	43	32	33	34	39	45
237	238	180	204	119	190	200	198	171	141
41	41,6	42,5	43	41	39,5	40,4	40,4	40,4	39,6
40	39,5	39,5	40,7	36,5	41	42,5	40,4	37	34,6
125	123	118	116	118	120	116	112	110	110
730	705	680	670	685	675	665	635	635	630
8,5	8,1	7,0	7,3	6,0	4,6	3,9	3,1	3,0	2,8
–	–	0,1	0,1	0,2	–	–	0,2	–	–
2,3	3,4	3,6	3,5	3,2	13,2	13,1	12,9	13,2	13,7

	n = 2725. Ne = 1.52			n = 2130. Ne = 1,50					
68	69	70	71	72	73	74	75	76	77
749	749	749	749	749	749	752	749	752	752
1,128	1,128	1,294	1,257	0,728	0,768	0,967	0,987	1,076	1,298
0,743	0,743	0,852	0,827	0,460	0,506	0,637	0,648	0,708	0,853
7650	7650	8770	6500	4930	5200	6240	6670	7280	8770
8,27	8,27	7,20	7,42	12,80	12,12	9,65	9,46	8,67	7,18
9,63	9,53	10,58	10,13	8,12	8,10	8,73	8,52	8,92	9,84
14,04	14,04	16,11	15,65	9,08	9.57	12,04	12,28	13,3	16,17
0,685	0,677	0,657	0,647	0,895	0,847	0,724	0,693	0,666	0,609
43,3	40,8	45,3	43,3	44,6	44.4	47,8	46,8	48,9	53,9
34	33	40	37	28	29	35	32	38	46
200	197	138	165	186	186	152	165	142	104
39,5	40	37,5	40	40	41	41	40,5	41	40,5
38,3	38	34,5	37	42,5	43	42	41	40	37,5
124	120	117	117	116	117	116	112	113	103
665	655	645	640	660	615	630	605	610	560
2,5	3,1	2,5	2,3	5,4	4,4	3,4	3,7	3,0	2,8
0,2	0,1	0,2	0,2	–	0,1	0,1	–	0,2	0,2
13	13,2	12,6	12,8	11,2	11,4	12,7	10,4	12,3	11,2

		n = 1815. Ne = 1,52			n = 2725. Ne = 1,22					
Versuch Nr.		78	79	80	81	82	83	84	85	86
b_{1s}	mmHg	752	752	752	752	752	752	752	752	752
B	kg/h	1,091	1,183	1,244	0,965	1,130	1,125	1,245	1.372	1,495
B_e	kg/PS_eh	0,717	0,778	0,818	0,795	0,930	0,927	1,025	1,130	1,231
W_e	kcal/PS_eh	7370	8010	8420	8180	9570	9538	10560	11630	12660
$\eta$the	%	8,54	7,87	7,48	7,72	6,60	6,62	5,98	5.43	4,98
V_{1s}	ncbm/h	8,62	8,87	9,03	8,28	9,31	8,90	9,34	10,02	10,38
V_{min}	„	13,58	14,73	15,5	12	14,06	14,01	15,50	17,1	18,62
λ		0,634	0,602	0,583	0,690	0,662	0,635	0,602	0,587	0,557
ηl	%	55,4	57	58,1	35,5	39,1	38,1	40	42,8	44,3
$h_v{}'$	mm W. S.	39	42	45	25	32	30	35	40	43
$h_v{}''$	„	124	122	120	256	089	205	160	137	117
$t_v{}'$	o	42,6	42,5	41,5	45,5	45,5	45,5	45	42	40,5
$t_v{}''$	„	43,5	40,8	40	45,3	42,5	43,4	39,5	35	33
t_r	„	98	94	93	125	120	118	114	108	91
t_{abg}	„	510	505	500	685	620	645	540	490	485
CO_2	R. T. v. H.	2,2	1,8	1,7	3,4	3,0	2,8	3,5	3,1	3,1
$C_m H_n$	„	0,2	0,3	0,2	0,1	0,1	0,2	0,2	0,2	0,2
O_2	„	12,8	13,5	13,5	12,4	11,9	12,6	8,4	7,6	7,1

tafel VIII

n = 2130. Ne = 1,23							n = 1810 Ne = 1,25	
87	88	89	90	91	92	93	94	95
752	752	752	758	758	758	758	758	758
0,714	0,877	1,036	1,165	1,308	1,44	1,594	0,625	0,820
0,582	0,713	0,843	0,947	1,063	1,17	1,296	0,506	0,667
5980	7330	8680	9730	10940	12030	13330	5230	6860
10,57	8,61	7,28	6,48	5,78	5,23	4,73	12,1	9,21
6,93	7,35	8,21	8,53	9,37	9,81	10.52	6,54	7,09
8,89	10,93	12,9	14,5	16,28	17,92	19,85	7,76	8,83
0,780	0,672	0,636	0,588	0,576	0,545	0,531	0,843	0,803
38	40,3	45	46,8	51,4	53,7	57,7	42,1	45,7
20	23	31	31	39	42	47	20	26
240	234	180	168	148	138	112	285	260
43,2	43,2	43	39,5	37	36	34	38	40
44,3	43	42,5	39,6	34	32,1	29,8	42,5	41,8
98	101	96	98	96	91	89	110	103
575	590	580	635	605	590	570	615	585
4,2	3,9	3,0	2,8	2,5	2,2	1,8	4,5	2,8
0,1	0,1	0,2	0,1	0,1	0,2	0,2	0,1	0,2
10,3	9,1	11,1	11,4	12,2	12,7	13,2	12,5	12,6

* 9 7 8 3 4 8 6 7 6 6 5 5 4 *